Conrad Amber

BAUMWELTEN

UND IHRE GESCHICHTEN

KOSMOS

Grußwort

Bäume haben mich schon immer fasziniert. Das beginnt bereits, wenn sie ganz klein sind. Im Frühjahr, wenn der Schnee langsam schmilzt, kann man im Wald unzählige Sämlinge entdecken, so zum Beispiel die Eichen. Während die Eicheln den Winter im oder auf dem Waldboden überdauert haben, strecken sich jetzt schon ihre kleinen, aber doch kräftigen Wurzeln, und der Spross schiebt sich mit den ersten beiden Blättern nach oben. Ein millionenfaches Schauspiel, das wie alles, was mit einem Baum zu tun hat, ganz langsam abläuft. Bäume sind für uns auch ein Begleiter durch die Jahreszeiten. Im Frühjahr, wenn die Blätter wieder sprießen und die ersten Blüten zu entdecken sind, spürt man förmlich, wie das Leben zurückkehrt. Das Grün der Bäume wird im Laufe des Sommers immer kräftiger, um schließlich in allen Rot- und Brauntönen den Herbst einzuleiten. Und dann wird es wieder ruhiger und kahler, der Winter ist da. Dann kann man die reine Frische der Landschaft mit den bepuderten Bäumen genießen. Und wenn wir schon fast nicht mehr glauben, dass all die Bäume und Sträucher jemals wieder austreiben können, weil der Winter so lang war, wiederholt sich dieses Schauspiel der Natur – Jahr für Jahr.

Der Bildband von Conrad Amber zeigt imposante, mächtige, stattliche, alte, knorrige Bäume. Jeder von ihnen ist einzigartig. Es fällt auf, dass es sich bei diesen alten Riesen fast immer um Einzelbäume auf Wiesen, Almen, Weiden oder in Dörfern, Parks oder vor Kirchen handelt. Doch was ist mit richtig dicken und alten Bäumen in unseren Wäldern? Zugegeben, es ist schwierig, gute Fotos von einzelnen Baumriesen im Wald zu machen, im offenen Land ist das wesentlich einfacher. Aber liegt es vielleicht auch daran, dass alte Bäume im sagenumwobenen deutschen Wald so selten sind? Die aktuelle Bundeswaldinventur hat ergeben, dass geademal drei Prozent aller Waldbäume über 160 Jahre alt sind. Für ein Menschenleben sind 160 Jahre unvorstellbar, aber für einen Baum? Eine Vogelkirsche mit 160 Jahren wäre sicherlich uralt, aber eine Rot-Buche hat gerademal die Hälfte ihres Lebens erreicht, und eine Trauben-Eiche steckt in diesem Alter sozusagen erst in der Pubertät!

Große, alte und urwüchsige Bäume sind für Menschen ergreifend und für viele Tierarten ein unersetzbarer Lebensraum. Deshalb setzt sich der NABU dafür ein, dass Bäume im Wald wieder alt werden dürfen. Bis zum Jahr 2020 sollen sich in Deutschland fünf Prozent der Wälder wieder natürlich entwickeln dürfen – das heißt, dass der Mensch jegliche Eingriffe unterlässt. Im Wirtschaftswald sollte es zudem pro Hektar mindestens zehn Bäume geben, die bis zu ihrem natürlichen Absterben erhalten bleiben.

Urwaldriesen fehlen in unseren Wäldern. Doch sie sind ein elementarer Bestandteil der Waldökosysteme und ihrer Bewohner. Und wir Menschen brauchen diese Bäume zum Staunen, zum Erleben und zum Erforschen!

Ich wünsche allen Leserinnen und Lesern viel Spaß mit diesen faszinierenden Bildern der Bäume und hoffe, dass Sie, wo immer Sie sind, diese Bäume auch in der Natur entdecken, erleben und genießen können.

Ihr
Olaf Tschimpke
Präsident NABU
(Naturschutzbund Deutschland e.V.)

Der Wert unserer Bäume und Wälder

Innerhalb weniger Tage waren die Bäume nicht mehr da. Hundertjähriges Leben – zerstört und ausgelöscht. Die alte Allee stand in meinem Heimatort, am Berghang. Als Junge ging ich so oft ich konnte durch sie hindurch, bewegte mich in ihrem Schatten, ihrem Duft, und fühlte mich zu Hause, einfach geborgen.

Aus irgendeinem Grund wurden die alten Eschen, Kastanien und Linden gefällt. Der einzigartige und wertvolle Alleen-Weg wurde zu einer Straße mit Fahrverbot verbreitert. Heute, viele Jahrzehnte danach, erschließt sich mir diese sinnfreie Tat noch immer nicht. Je mehr ich seitdem erfahren und gelernt habe, desto öfter habe ich an dem gezweifelt, was wir unseren Bäumen und Wäldern antun. Oft genug aus Unwissenheit, Aktionismus oder schlichtweg menschlicher Arroganz.

Damals entstand aus meiner Wut und Trauer ein Gedicht, das mit den Worten »Ja glaubt ihr denn, ihr Menschen…« begann. Ich war noch sehr jung, unerfahren und verträumt, ein Kind der Natur, das die Bäume und Wälder der Region liebte. Heute bin ich mit sehr viel mehr Erfahrung, Wissen und Erkenntnissen ausgestattet. In mir lebt der Wunsch, davon etwas weiterzugeben. Aus diesem Hintergrund entstand dieses Buch.

Unzählige Male schon habe ich in der Natur mein Glück gefunden. Ich bin dankbar dafür, dass ich in den Wäldern und Tälern, auf den Bergen und Wiesen, an Bächen und Auen so viel Zeit verbringen durfte. Zeit in der Natur, ganz mit mir alleine – und mit meiner Kamera als stete Begleitung. Die Leidenschaft des Fotografierens wurde schließlich zu meinem Beruf. Im Lauf der Zeit fanden meine großformatigen Aufnahmen immer mehr Liebhaber. Hotels, Erholungszentren, Gesundheitseinrichtungen und viele Privatleute interessierten sich für meine Naturbilder und kauften sie. Das bestärkte mich darin, damit weiterzumachen und die für mich wertvollsten Augenblicke in der Natur in Bildern festzuhalten. Die zunehmenden Besucherzahlen auf meiner Website und die Kontakte, die sich über Facebook entwickelten, waren für mich immer mehr Anstoß und Motivation.

Viele Schattenseiten unserer schnelllebigen Zeit – das Oberflächliche, die Technikhörigkeit, die gleichgeschaltete Konsumgesellschaft, der ungesunde Lebensstil, die übertriebene Geschwindigkeit – enden da, wo der Wald beginnt. Hier setzt man einfach einen Fuß vor den anderen, Schritt für Schritt, öffnet seine Sinne und passt sich dem Rhythmus der umgebenden Natur an. Der Wald hilft, der zu sein, der man ist. Meine Bilder sollen dafür ein Eingangstor sein, vielleicht sogar eine Art »Einstiegsdroge«: Sie sollen Lust machen, sich wieder einmal ganz auf sich selbst einzulassen.

Der Bildband ist in erster Linie ein Buch für die Augen, im wahrsten Sinn des Wortes ein Bilderbuch. Keinesfalls soll und kann er eine wissenschaftliche Abhandlung sein – er erhebt auch nicht den Anspruch, alle heimischen Baumarten vorzustellen oder irgendwie zu dokumentieren. Nein, er ist ein Buch der Leidenschaft, in dem ich neben stimmungsvollen Motiven auch das Erfahrungswissen, das ich erworben habe sowie meine Begeisterung weitergeben möchte.

An dieser Stelle möchte ich all jenen danken – den Einheimischen, Förstern, Jägern, Waldkennern, Biologen, Naturliebhabern –, die mir die oft wunderbaren Orte gezeigt, mir den Weg gewiesen und meine Seele bereichert haben.

Sie, liebe Leserin, lieber Leser, lade ich ein, einen Teil der Natur ganz neu für sich zu entdecken und den Schritt nach draußen zu wagen. Dorthin, wo der Baum als Baum, der Wald als Wald, erst wirklich erlebbar werden. Verbreiten Sie Ihre Erfahrungen, tragen Sie Ihre Begeisterung weiter, damit Achtsamkeit und Sensibilität gegenüber unseren Mitgeschöpfen und der Natur zur Selbstverständlichkeit werden.

Ihr Conrad Amber

Informationen für die Fotofreunde: Alle Fotos habe ich digital mit der Canon EOS 5D Mark II aufgenommen. Objektive: Canon EF 24-70mm 2.8, EF 100-400mm, 4.5-5.6LIS Sigma 12–34mm, 4.5-5.6II DG. In Photoshop CS5 habe ich die Fotos zum Teil geklart, geschärft oder störende (menschliche) Details retuschiert. Für das Archiv der über 20 000 Fotodaten verwende ich Aperture auf meinem Mac BookPro. Die Panoramabilder habe ich aus bis zu acht Fotos zusammengesetzt. Sie besitzen eine hohe Datenqualität. Für fast alle Aufnahmen verwendete ich ein Stativ, da im Wald und unter dichtem Blätterdach Belichtungszeiten von einer Sekunde und darüber notwendig sind.

Tipp

080 Sie können die meisten Abbildungen zu sich nach Hause holen. Sämtliche nummerierten Fotos sind käuflich. Informationen dazu auf der Seite 441 und Seite 447.

Bäume

Kein Leben ohne Bäume

002

003

Seit es uns gibt, begleiten sie uns. Bäume spielten stets eine Hauptrolle in der Entwicklung der Menschen und im alltäglichen Leben und Überleben. Sie spenden Schatten, bieten Bau- und Heizmaterial, schenken uns ihre Früchte und ihr Laub sorgte über Jahrtausende hinweg für weiche Schlafstätten. Bewundert, geschätzt, verehrt, vielfach genutzt und gefällt, prägten sie alle Kulturen. Der Baum ist Sinnbild des Lebens überhaupt – in Form des Lebensbaums. Nicht umsonst werden seit jeher zu bestimmten Anlässen Bäume gepflanzt, wie zu Geburten oder anderen festlichen Ereignissen.

Kein Lebewesen zeigt uns den Wechsel der Jahreszeiten deutlicher als die Bäume. In ihren Jahresringen ist sogar ihre Lebensgeschichte lesbar. Sie sind an einen festen Ort gebunden, reagieren auf bestimmte Veränderungen empfindlich, verständigen sich untereinander. Zudem entwickeln sie Maßnahmen zur Abwehr von Fressfeinden, schaffen für ihre Vermehrung beste Bedingungen und passen sich an neue Umweltbedingungen an. Aufgrund der Fähigkeit, aus Sonnenlicht, Kohlendioxyd und Chlorophyll Energie und Nahrung zu gewinnen und im Gegenzug Wachstum und Sauerstoff zu erzeugen, sind sie einer der bedeutendsten Faktoren dafür, dass die Erde überhaupt bewohnbar ist. Bäume besiedeln selbst die unwirtlichsten Gegenden und trotzen vielfältigen klimatischen Bedingungen. Sie gedeihen an Felswänden, in Wüsten und selbst im Salzwasser haben sie eigene Lebensformen entwickelt.

Über Jahrtausende waren sie gerade in Mitteleuropa die Lebensgrundlage für weite Teile der Bevölkerung. Die vielfältige Verwendung des Holzes, der Früchte, Säfte, Harze, der Blüten und Rinden, später auch die Veredelung zu Holzkohle als Grundlage für die Erzeugung von Glas oder die Verarbeitung von Metallen, bestimmten beinahe alle Lebensbereiche der mitteleuropäischen Kultur. Auch die Bedeutung für die Erholung und das Wohlbefinden spielt eine große Rolle. Von Gartenarchitekten angelegte Parkanlagen sind ein relativ neuer Ausdruck der Verbindung zwischen Menschen und Bäumen. Sie bereichern Schlösser oder Herrenhäuser und bilden Oasen der Gesundung in den modernen, dicht besiedelten Städten.

Die Wertschätzung, die Bäume und Wälder über alle Zeiten genossen, schlägt sich auch in Ortsbezeichnungen nieder. Allein in Deutschland tragen 7000 Orte einen Baum oder Wald in ihrem Namen, europaweit sind es mehr als 30 000, von Namen für Gasthäuser oder die Flur ganz abgesehen. Der Baum ist Natur- und Kulturgut in einem.

Alter ist nicht gleich Alter

Dank vielfältiger Ernährung und bester medizinischer Versorgung erreichen wir Mitteleuropäer inzwischen ein Durchschnittsalter von etwa 90 Jahren. Damit ist uns im Vergleich zu den Bäumen kein wirklich hohes Alter vergönnt. Die untere Altersgrenze liegt hier um die 100-Jahre-Marke, die durchschnittliche bei etwa dem Doppelten eines Menschenlebens. Manche Arten allerdings erreichen sogar das Zwanzigfache und mehr.

Pionierbaumarten, wie die Birke, die Erle oder die Vogelbeere, erobern Brachflächen und bereiten den Boden für nachfolgende, »anspruchsvollere« Bäume und Gewächse zu. Sie müssen für ihr schnelles Wachstum mit einer geringeren Lebenserwartung büßen. Mit 200 Jahren stoßen sie an das Ende ihrer Lebensspanne. Auch die schnellwüchsigen Weiden und manche Pappelarten erreichen selten ein höheres Alter. Massive Ast- oder Stammbrüche besiegeln oft ihr Ende.

Alle anderen der an die siebzig heimischen Baumarten erreichen eine Lebensdauer von weit mehr als 300 Jahren, sofern nicht Stürme, Muren- oder Lawinenabgänge, Schneelasten, Blitzeinschläge oder Kettensägen den vorzeitigen Untergang des Baumwesens herbeiführen. Ohne diese Risiken wäre das Durchschnittsalter bedeutend höher. Immer wieder gab es Gründe, dass einige von ihnen den Sägen nicht zum Opfer fielen, sondern engagierte Baumfreunde sogar helfend eingriffen und darum bemüht waren, die Lebensdauer zu verlängern. Je älter ein Baum ist, desto mehr wächst gemeinhin auch sein Ansehen und die Achtung ihm gegenüber. Ein Wesen, das so viel »miterlebt« hat – Kriege, Seuchen, Hunger, auch glückliche Tage, Dorffeste, Hochzeiten und Taufen –, ist ein stummer Zeitzeuge. Mythen und Legenden beginnen sich um solche Bäume zu ranken. Häufig gibt es Aufzeichnungen, die »ihre Geschichte« beschreiben und bewahren.

Bäume sind die größten bekannten Lebewesen der Erde – mit vielleicht einer Ausnahme: einem Hallimasch-Pilz im *Malheur National Forest* in den Vereinigten Staaten. Er erreicht eine Ausdehnung von beinahe neun Quadratkilometern und ein geschätztes Gewicht von 600 Tonnen. Der weitaus größte Teil des Pilzes befindet sich allerdings unter der Erde und ist nicht sichtbar. Sein Alter beträgt, Wissenschaftlern zufolge, etwa 2400 Jahre. So bleiben die Bäume immerhin doch die größten sichtbaren Lebewesen, obwohl ihre versteckten Teile, die Wurzeln, auch eine enorme Masse bilden können. Selbst Elefanten und Blauwale erscheinen im Vergleich zu manchen Baumgiganten bescheiden.

004

Schon früh erkannten die Bauern des Ultentales bei Meran im Südtirol die Schutzwaldfunktion ihrer **Lärchenwälder**. Um ihren Gehöften am Fuß der Berge höchstmögliche Sicherheit vor Lawinen zu bieten, achteten sie immer auf den Lärchenbestand und pflegten ihn. Sie verzichteten auf Schlägerungen. Manchen dieser Lärchen wird ein Alter von an die 1000 Jahre nachgesagt und das ist durchaus glaubwürdig. Damit zählen sie zu den ältesten Lärchen weltweit. In diesem Buch werden Lärchen mit mehr als zehn Metern Stammumfang vorgestellt. Es ist gut möglich, dass ihr Alter über der 1000-Jahre-Marke liegt.

Zirben (*Arven*) finden sich sogar oberhalb der 2200-Meter-Grenze, weit über der durchschnittlichen Waldgrenze Mitteleuropas. Aufgrund der kargen Lebensbedingungen und des lang anhaltenden Winters in dieser Höhe wachsen sie meist nur wenig. Oft beträgt das Breitenwachstum nur wenige Millimeter pro Jahr. So ist es möglich, dass eine Zirbe mit einem Stammumfang von fünf Metern durchaus ein Alter von 800 Jahren aufweisen kann.

Vorwiegend in den südlichen Bergregionen Österreichs, in Kärnten, gedeiht die **Schwarz-Kiefer**. Standortbeheimatet ist sie an den trockenen Südhängen, wo sie nicht mit anspruchsvolleren Laubbäumen im Wettbewerb steht. Ihr wird ein Höchstalter von 800 Jahren zugeschrieben.

Schon seit jeher werden die Früchte der **Edelkastanie** (Marone oder Kestenbaum) geschätzt. Was dem Menschen Nutzen bringt, das pflegt und schützt er auch. Kein Wunder also, dass wir im warmen Tessin, in Südtirol und in Teilen der Steiermark auf Edelkastanien mit mehr als zehn Metern Stammumfang stoßen. Ihr Mindestalter wird auf 700 Jahre geschätzt.

Hutebuchen- und **Eichenwälder** dienten jahrhundertelang als Waldweiden für die Schweine und Kühe. Die Bauern verzichteten darauf, die Bäume zu fällen, da sie sie als hochwertige Futterlieferanten schätzten. Auf diese Weise bildeten sich Wälder mit sehr altem Baumbestand. Wirtschaftlich genutzte Hutewälder sind ein ideales Beispiel für eine nachhaltige »Zusammenarbeit« von Mensch, Vieh und Baum. Eichen erreichen dabei ein weit höheres Alter als Buchen. Eine der mächtigsten und ältesten Eichen Deutschlands steht in Ivenack in Norddeutschland. Ihr Stammumfang beträgt elf Meter, ihr Alter wird auf mindestens 800 Jahre geschätzt.

Die Germanen verehrten die Eiche und weihten sie dem Gott Donar. Die Kelten sahen in der langlebigen Eibe – nach früheren Interpretationen auch in der lichten Esche – den nordischen Weltenbaum **Yggdrasil**. Im Rahmen der Christianisierung kam der Linde eine immer größere Bedeutung zu. Ihre Selbstheilungskraft und die Fähigkeit, immer wieder auszutreiben, machte sie zu einem Symbol der Wiedergeburt. Gleichzeitig ließ im neunten Jahrhundert der Mönch Bonifatius im Zuge seiner Missionierung die **Donareiche** nahe Geismar fällen. Auch Karl dem Großen wird nachgesagt, er habe uralte Eichen als Stätten einer heidnischen Ver-

Eine der mächtigen Ultener Lärchen bei St. Gertraud im Südtirol (Seite 142–145).

Buchenwald am Monte Baldo über dem Gardasee in Oberitalien auf etwa 1400 m.

ehrung fällen lassen. Insbesondere die Zerstörung der **Irminsul**, einem Heiligtum der Sachsen, im Jahr 772 war ein prägendes Ereignis. Gewissermaßen als Ersatz wurden im Lauf der Jahrhunderte vor vielen Kirchen und auf Friedhöfen Linden gepflanzt.

Über einen langen Zeitraum wurde im Schatten von **Linden** Gericht gehalten. Der betörende Duft der blühenden Linde habe die Richter und Ankläger oftmals milder gestimmt und die Urteile weniger hart ausfallen lassen, behaupten manche. Auch unter einzeln stehenden, etwa einsam auf einem Hügel wachsenden Eichen vor den Toren der Dörfer und Städte wurden Urteile gefällt. Manchmal ging es dabei um Leben oder Tod. Nicht selten fand ein Verurteilter am Starkast eines Baumes sein unrühmliches Ende, das Ende an einer **Galgeneiche**.

Bäume mit einer Funktion genossen eine gute Pflege und erreichten auch deshalb ein hohes Alter, ohne Gefahr zu laufen, frühzeitig gefällt zu werden. Gerade darum ist die Geschichte einzelner Bäume reich dokumentiert und ihr Alter gut zu bestimmen. Doch haben viele Exemplare, die der Volksmund als **Tausendjährige Eiche** oder **Tausendjährige Linde** bezeichnet, dieses stolze Alter wohl nicht erreicht. Viele davon werden aber immerhin bereits seit über 600 Jahren ihren Platz behaupten, einige wenige kratzen vielleicht tatsächlich an der Tausend-Jahre-Grenze. Voller Ehrfurcht stehen dann viele vor einem Lebewesen, das bereits existierte, bevor das Mittelalter zu Ende ging, Amerika »entdeckt« wurde oder – im kleineren Maß – man selbst geboren wurde.

Ein echter Methusalem unter Mitteleuropas Bäumen ist die **Eibe** mit ihren giftigen Pflanzenteilen. Lange Zeit war ihr Holz für den Bau von Bögen, Armbrüsten und Gewehrschäften unentbehrlich, was beinahe zur Ausrottung des Baumes geführt hätte. Einige Exemplare überlebten in weitab gelegenen Bergmischwäldern oder auf Fried- und Kirchhöfen. Die Eibe ist kein waldbildender Baum, sondern tritt immer nur vereinzelt auf. Auch zählt sie nicht zu den europäischen Baumriesen, sondern führt meist ein bescheidenes, doch oft sehr langlebiges Dasein. In der Normandie, im englischen Kent und Hampshire sind Eiben im Umfeld von Kirchen bekannt, deren Alter bis zu 2000 Jahre betragen soll. Schon vor dem Bau dieser Kirchen, so ist es belegt, verehrten die Anhänger heidnischer Kulte an dieser Stelle den Eibenbaum. Erst um etwa 1000 nach Christi Geburt wurden dann an solchen Stellen Kirchen oder Kapellen errichtet. Als Sinnbild für ewiges Leben, bedacht mit christlicher Symbolik, ließ man die Bäume stehen.

In den mediterranen Ländern beeindrucken weniger Eiben als vielmehr **Olivenbäume** mit ihrem hohen Alter. Seltene Exemplare sollen sogar aus der Zeit um Christi Geburt stammen. Manche Pflanzungen sind historisch belegt und nachgewiesen. Eiben- und Olivenbäume gehören demnach zu den ältesten Lebewesen in Europa.

Dorflinde in Mittelzell (D) auf der Bodenseeinsel Reichenau. 800 cm Umfang, ca. 600 Jahre.

Wie ein Wesen aus der Urzeit – die 600 Jahre alte Dorfeiche in Tannheim (D) im Schwarzwald hat einen Stammumfang von 800 cm.

Die ältesten Bäume weltweit finden sich dagegen nicht in Europa, sondern in den Vereinigten Staaten, wo es der Küsten-Mammutbaum in Kalifornien auf ein Alter von bis zu 1500 Jahren bringen dürfte. Den Altersrekord allerdings halten die Grannen-Kiefern, die ebenfalls im Westen Nordamerikas zu Hause sind. Die extrem langsam wachsenden Bäume stehen in einer Meereshöhe von 2300 bis 3500 Metern. Sie bringen es bei einer Höhe von acht bis fünfzehn Metern und einem Stammdurchmesser von einem halben bis zu einem Meter auf ein Alter von bis zu 5000 Jahren. Damit sind sie die ältesten Bäume der Welt – und die wohl ältesten Lebewesen überhaupt.

Zur Altersmessung von Bäumen sei bemerkt, dass diese häufig auf Schätzungen beruht, müsste der Baum zur exakten Zählung der Jahresringe doch sonst gefällt oder angebohrt werden. Viele der Baumveteranen sind im Lauf ihres Baumlebens auch im Inneren hohl geworden, so dass eine genaue Bestimmung der Jahresringe damit unmöglich wäre. Schließlich sei noch angemerkt, dass Bäume in ihrer Jugend bedeutend schneller wachsen als im Alter und bei einem großen Stammumfang viel Holzmasse aufgebaut werden muss, sodass auch dadurch die Bildung von Jahresringen nicht immer eindeutig nachvollziehbar ist.

Beim Messen des Umfangs werden besonders herausstehende Knollen und Ausbuchtungen nicht einbezogen. Sie würden die Schätzung des Alters verzerren. Ein schwieriges Gelände oder eine nur teilweise verbreiterte und unförmige Beschaffenheit des Stammes erschweren die Messung oftmals erheblich. Deshalb gibt es manchmal auch bei der Beschreibung des Umfangs bestimmter Baumpersönlichkeiten in der Literatur recht große Unterschiede. Bewundernswert ist, dass Spezialisten den Umfang auf den Zentimeter genau angeben können.

Stammschnitte in der unmittelbaren Umgebung von Baumveteranen ermöglichen aussagekräftige Vergleiche. Sie geben durch die Breite der Jahresringe Auskunft über die Wachstumsgeschwindigkeit im jeweiligen Gebiet. In gebirgigen Höhenlagen ist das Wachstum bescheidener als im Flachland. Hier kann beispielsweise beim Berg-Ahorn ein Stammumfang von unter 500 Zentimetern ein Alter von 500 Jahren bedeuten. Noch langsamer wachsen die Zirben (Arven), die kaum mehr als einen Zentimeter pro Jahr an Umfang zulegen. Bis zu zwölf Jahresringe pro Zentimeter wurden auch schon gezählt. Der Stammumfang von Berg-Ahornen, Maronen, auch von Fichten nimmt in einer Meereshöhe von 800 Metern durchschnittlich um zwei Zentimeter pro Jahr zu. Hingegen wächst der Stamm einer Weide oder Pappel auf 400 Metern Seehöhe und unter idealen Bedingungen um sechs bis zehn Zentimetern pro Jahr im Umfang. Lärchen auf 800 Metern Seehöhe legen im Jahr gut zweieinhalb Zentimeter, auf 2200 Metern nur noch 0,8 Zentimeter an Umfang zu. Der Stammumfang von Linden und Eichen wächst durchschnittlich etwa zwei Zentimeter, der von Buchen eher drei Zentimeter.

Wichtig bei der Altersschätzung ist die erwähnte Beobachtung, dass Bäume in ihrer Jugend mehr an Umfang zulegen als in höherem Alter. Deshalb ist eine 600-jährige Linde oft nur unwesentlich mächtiger als eine 400-jährige. Die Spezialisten für die Altersbestimmung von Hölzern sind die Dendrochronologen. Ihre Angaben enthalten Informationen über den

Eine steinalte Eibe in Balderschwang – sie könnte bis zu 2000 Jahre alt sein.

Altlärchen ernähren sich größtenteils »selbst«. Nadeln, Zapfen, Äste düngen bestens den Boden.

Die Jahresringe »erzählen« von den guten wie den schlechten Jahren.
Bäume wachsen Schicht für Schicht.

Könnte sie sprechen, dann wüsste sie bestimmt viel zu erzählen.
Die 25 Meter hohe Tassilolinde in Oberbayern gilt als »Tausendjährige« (Seite 184).

Habitus, das heißt die Wuchsform des Baumes, die Struktur der Rinde, die Form des Stammes, die Beschaffenheit der Hohlräume und Starkäste sowie die Höhenlage und Bodenqualität. Daraus kann dann eine seriöse und recht genaue Altersbestimmung erfolgen.

Wie Bäume leben

Für das Wachstum sind die jeweiligen **Umweltbedingungen** maßgeblich: der Boden, seine Beschaffenheit und Tiefe, das vorherrschende Klima, Luft- und Wasserqualität, Eintrag von Nähr- und Schadstoffen, auch die Meereshöhe des Standortes und seine Himmelsausrichtung. Die Dauer der Sonneneinstrahlung bei Sonnen- und Schattenhängen ist beispielsweise gerade in alpinen Tälern unterschiedlich. Das wirkt sich natürlich deutlich auf den Wuchs aus. War in den letzten Jahrzehnten durch die Luftverschmutzung eher ein Dünge- und sogar Überdüngeeffekt feststellbar, gilt heute vorwiegend, dass Staub und Ruß das Wachstum hemmen und die Gesundheit der Bäume beeinträchtigen.

Einem Baum, der in unseren Breiten auf 400 Meter Seehöhe wächst, stehen rund acht Monate Vegetationsperiode für sein Wachstum zur Verfügung. Auf 2000 Meter Seehöhe verkürzt sich die Vegetationsperiode auf nur zwei bis drei Monate.

Hat ein Baum, meist nach 100 bis 200 Jahren, seine Maximalhöhe erreicht, nimmt vor allem der Stammumfang zu. In der ersten Wachstumsphase wächst er also hauptsächlich in die Höhe. Darauf folgt eine Phase der Festigung, das Breitenwachstum. Der Baum investiert in die statische Optimierung, ausgelegt auf eine lange Lebenszeit. Häufig beginnt er dann auch, sich gewissermaßen selbst auszuhöhlen. Was Laien oft für eine Krankheit des Baumes halten, ist ein natürlicher Prozess, um das Gewicht zu reduzieren. Denn auch ausgehöhlte Starkäste und ein hohler Stamm besitzen eine hohe Tragfähigkeit – und sind dabei gleichzeitig mit weniger Eigengewicht belastet.

Bis beispielsweise eine alte Linde ihren **Stamm ausgehöhlt** hat, vergehen Jahrzehnte. Die Bäume bedienen sich dabei bestimmter Pilze und Insekten, die das Stamminnere zu Humus verarbeiten, gleichzeitig aber die lebenswichtigen äußeren Schichten nicht verletzen. Einmal ausgehöhlt, verbleibt eine stabile, kräftige Stammschicht in einer Art Rohrform. Dann endet der Pilzbefall ganz abrupt und der Baum überwallt das Innere des hohlen Stammes mit neuer Rinde. Auch sogenannte **Adventivwurzeln**, das heißt »dazukommende« Wurzeln, schieben sich von den Ästen her durch den hohlen Stamm, verankern ihn neu und stellen die Versorgung mit Nährstoffen aus dem Boden sicher.

All diese Eigenschaften und Strategien tragen effektiv zum langen Bestehen eines Baumes bei. Sie sind die Erklärung dafür, dass Linden oder andere Bäume überhaupt ein so hohes Alter erreichen können. Dieser Prozess geht über Jahrzehnte, ja über Jahrhunderte. Der Baum sieht irgendwann vielleicht sogar so aus, als ob er aus mehreren Stämmen gebildet wäre. Er stößt alte Äste ab und bildet neue, ändert sein Aussehen langsam immer mehr – sodass letztlich nur der Standort das einzig Feste und Überdauernde ist. Nach Abschluss des Höhenwachstums versucht der Baum auch, sich stärker zu **vermehren**. In seinem Erbgut sind die Eigenschaften gespeichert, die ihn am jeweiligen Standort erfolgreich wachsen ließen. Die Samen der

Altbäume gelten daher als die wertvollsten, weil sie am besten angepasst und am widerstandsfähigsten sind, was die Erfolgschancen seines Nachwuchses im Umkreis wesentlich erhöht.

Die leichten Birkensamen lassen sich beispielsweise über den Wind verwehen. Das führt dazu, dass sich der Pionierbaum Birke bis zu zwei Kilometer im Jahr weiter ausbreitet. So erobert er in kürzester Zeit weite Flächen. Andere Baumarten ziehen Tiere als Helfer für die Verbreitung der Samen vor – etwa über den Umweg eines Verdauungstraktes. Eichhörnchen und Tannenhäher »tragen« auf diese Weise Samen bis zu 15 Kilometer vom Mutterbaum weg. Bei einer solchen natürlichen Waldbegründung und -verjüngung entstehen die besten Voraussetzungen für einen standortbeheimateten, gesunden Jungwald. Insgesamt vermehren sich Bäume dann am wirkungsvollsten, wenn sie ihrem Alter entsprechende Überlebensqualitäten entwickelt und »abgespeichert« haben.

Die Jahresringe bestehen aus einem hellen Ring, der die aktive Wachstumsperiode im Frühling und im Sommer zeigt, und einem dunklen Ring, der die Ruhephase im Herbst und Winter markiert. Beide zusammen stehen für ein Lebensjahr des Baumes.

Da sie nicht flüchten können, sondern fest verwurzelt und damit standortgebunden sind, können sie auf Veränderungen ihrer Umgebung nur reagieren. Dabei müssen sie auch mit langsamen Abläufen wie dem Klimawandel oder einer veränderten Sonneneinstrahlung umgehen.

Gerade in Bergregionen stehen immer wieder schräg wachsende Bäume, die an dem Gesetz der Schwerkraft zweifeln lassen. Eine massive Verbreiterung des Stammes sorgt gerade in solchen Lagen dafür, dass sich der Baum noch besser verankert, und dient letztlich der statischen Unterstützung. Solche Verbreiterungen nennt man **Reaktionsholz**: Der Baum reagiert auf eine Hanglage, indem er an bestimmten Stellen mehr Holz bildet. Bei den Koniferen, den Nadelbäumen wie etwa Zirben oder Lärchen, befindet sich das **Druckholz** (drückt den Baum nach oben) an der Unterseite des Stammes, bei den Laubbäumen, allen voran dem Berg-Ahorn, ist das **Zugholz** (der Baum zieht sich förmlich zur Bergseite hoch) an der Oberseite des Stammes. Durch diese statisch ausgleichenden »Tricks« überstehen die Bäume selbst höchsten Schnee- und Winddruck – bisweilen trotzen sie sogar Lawinen- und Murenabgängen.

Es gibt unterschiedliche Messmethoden zum Stammumfang. Durchgesetzt hat sich, die Messung in einer Höhe von 130 Zentimetern über dem Boden zu machen. Alle Angaben im Buch beruhen auf dieser Methode.

006

Das Wesen der Bäume

Nur der Mensch ist in der Lage, Wissen über sein Leben, seine Entwicklung und seine Geschichte zu überliefern. Doch in gewisser Weise können das auch die Bäume. Sie speichern Daten über die Umstände ihres Lebens und bestimmte Gegebenheiten in ihrer Umwelt ab – für Fachleute deutlich lesbar in den **Jahresringen**. Die Abstände zwischen den einzelnen Ringen erzählen dem Kundigen von reichen Jahren, in denen der Baum stark an Umfang zulegen konnte – oder auch von bescheideneren, in denen das Wachstum beinahe zum Stillstand kam. Ohne Worte, ohne Zahlen freilich bilden sie dennoch einen eigenen Kalender ab, der Jahrzehnte, ja Jahrhunderte zurückreicht.

Die **Photosynthese** ist jene geniale Eigenschaft, die über das Chlorophyll aus Licht, Kohlendioxyd, Wasser und Nährstoffen Wachstum ermöglicht: Das Wachstum der Wurzeln, des Stammes, der Äste, der Zweige und der Blätter zu jenem lebendigen Bauwerk, das wir Baum nennen. Das bereits ist ein kleines Wunder. Nicht viel weniger erstaunlich sind die Abläufe des **Wassertransportes**. Sie sorgen dafür, dass Wasser und Nährstoffe, von den Wurzeln aus dem Boden aufgenommen, bis in die höchsten Spitzen und weitest entlegenen Blätter und Nadeln transportiert werden. Zwei Lebensströme, einerseits ganz himmelwärts strebend der Hunger nach Licht und andererseits ganz erdverbunden die Aufnahme von Wasser und Nährstoffen, machen das Wesen Baum zu etwas ganz Besonderem und Einzigartigem.

Für viele ist es der **Stamm**, der den Baum zum Baum macht. Von innen nach außen baut er sich aus dem zentralen Mark und der Baumrinde auf. Das im Lauf des Dickenwachstums ganz innen liegende Kernholz, das Splintholz, ist totes Material. Die Baumrinde besteht aus der Bastschicht, in der Wasser und Nährstoffe transportiert werden, und der äußeren Borke, die den Baum vor Umwelteinflüssen schützt. Der Bastschicht vorgelagert ist das Kambium. Diese Wachstumsschicht bildet nach innen Holz und nach außen hin Bast.

Das **Wurzelwerk** dient nicht nur der Versorgung, sondern als Fundament auch der Stabilität. Es trägt das riesige Gewicht des äußerlich sichtbaren Teils. Es gibt spezialisierte Wurzelspitzen, die über Gleitmittelzellen verfügen, und andere, die Zersetzungsmittel nach außen absondern, um den Wachstumsspitzen das Fortkommen in der Erde zu ermöglichen.

Bäume sind das Vorbild für eine perfektionierte Wiederverwertung. Was sie an **Nährstoffen** brauchen, bilden sie größtenteils über die eigene Substanz: Abgefallene Blätter, Äste und Zweige werden von Pilzen, Insekten und Mikroorganismen zu nährstoffreichem Humus umgewandelt, aus dem sie wiederum beispielsweise Mineralien beziehen. Alle Bäume leben im Wurzelbereich in einer **Symbiose** mit Pilzen, die die Aufnahme von Nährstoffen erleichtern oder sogar erst ermöglichen.

Nach wie vor verbergen die Bäume viele Geheimnisse, die entdeckt werden wollen – und können **Vorbild für zahlreiche nachhaltige und naturverbundene technische Lösungen** sein. Im Lauf der Evolution waren sie durch ihre Gebundenheit an den Standort gezwungen, auf sich ändernde Umweltbedingungen zu reagieren – oder aus einem unpassenden Lebensraum wieder zu verschwinden. Doch die innere Zielgerichtetheit, zu überleben und sich auszubreiten, führte zu höchst erstaunlichen **Anpassungen** und Lösungen.

Die vorwiegend an Wasserläufen gedeihende **Schwarz-Erle** besitzt beispielsweise Samen mit luftgefüllten Schwimmpolstern. Sie ermöglichen eine weite Verbreitung, indem sie die Wasserströmung als Transportmittel nutzen. Der winterhärteste Laubbaum, die **Birke**, entwickelte eine wasserabweisende dünne »Haut« um den Stamm und die Äste, die das Innere vor dem Eintritt von Feuchtigkeit und damit vor Erfrierung schützt – besser als bei jedem anderen Baum. Außerdem ermöglicht die dünne Haut ein rasches Wachstum, was für Pioniergehölze überlebenswichtig ist. Diese Eigenschaften machte sich der Mensch für den Bau von Kanus oder wasserdichten Bedachungen schon früh zunutze.

Erd- und himmelsverbunden und begabt mit der Eigenschaft, Kohlendioxyd (CO_2) zu verarbeiten, sind die Bäume und die riesigen Wälder der Erde eine wesentliche Grundlage dafür, dass die Erde überhaupt von uns bewohnt werden kann.

Buchen verfügen über eine dünne Rinde, die besonders gegenüber Sonnenlicht sehr empfindlich ist. Sie laufen damit Gefahr, einen »Sonnenbrand« zu bekommen. Um sich davor zu schützen, bilden sie von Beginn an eine dichte Baumkrone – und schützen sich auch durch Gemeinschaft: Der Waldverbund verhindert bestens eine zu heftige Sonnenstrahlung und hemmt gleichzeitig das Aufkommen anderer Arten. Durch das dichte Blattwerk kann kaum ein Lichtstrahl auf den Waldboden scheinen. Trifft das Sonnenlicht aber ungeschützt auf den Stamm, kann das zu Verletzungen führen, die sogar lebensbedrohlich sind.

»Der Wald blüht«, sagt der Volksmund, wenn in regelmäßigen Abständen von vier Jahren die **Nadelbäume** blühen und mit ihrem hellgrünen Blütenstaub die ganze Umgebung mit einem hauchdünnen Staubfilm überziehen. Wer koordiniert diese synchronisierte Blüte, wer dirigiert dieses gemeinsame Konzert der Fruchtbarkeit? Welche Kraft veranlasst das Blühen von Abertausenden Bäumen zur beinahe selben Zeit?

Sich anpassen heißt auch, sich wehren können. Bei einer Invasion von Fressfeinden, etwa von Käfern, entwickeln Bäume Blattsäfte, die sie für die Invasoren in kürzester Zeit unverdaulich oder unverträglich machen. Auch ein Wechsel der Angreifer zum nächsten Baum hilft nicht: Denn viele Baumarten kommunizieren intensiv über Duftstoffe, die ihre Artgenossen vor den Fressfeinden warnen und dadurch bereits die Produktion der abwehrenden Blattsäfte anregen, bevor die Käfer ankommen.

008

Der Wert eines Baumes

Beschränkt man den Nutzen eines Baumes auf den höchsten Preis, den man mit dem Holz erwirtschaften kann, verkennt man seinen wirklichen Wert. In der Waldökonomie, geprägt vom Gedanken der Gewinnmaximierung, herrschte die einseitig wirtschaftliche Sichtweise über viele Jahre vor. Bei der Gewinnung von seltenen Edelhölzern im Regenwald oder der Erweiterung von Flächen für Viehzucht und Ackerbau hat sich diese rücksichtslose Art des Umganges bis heute erhalten – Paradebeispiel dafür sind auf lange Zeit verlorene riesige Flächen von Regenwald. In Europa hat es sich durchgesetzt, den Nutzen von Bäumen und Wald umfassender, ganzheitlicher zu verstehen. Es entstanden nachhaltige Bewirtschaftungssysteme, die dem eigentlichen Wert der Bäume eher gerecht werden.

Dieser liegt weit über dem reinen Preis für seine Holzmasse. Das belegen zahlreiche Studien, die einem einzelnen ausgewachsenen Baum im Schnitt einen Wert von weit mehr als 100 000 Euro beimessen. Sie berücksichtigen dabei den positiven Einfluss auf das Klima und die **Bindung von Kohlendioxyd** im Holz ebenso wie die **Produktion von Sauerstoff**.

Eine 100-jährige Buche mit einer Kronengrundfläche von 120 Quadratmetern verfügt mit rund 600 000 Blättern über eine Blattfläche von etwa 1200 Quadratmetern. Diese Buche gibt im Jahr um die 4,5 Tonnen Sauerstoff ab und entzieht der Luft dabei etwa sechs Tonnen Kohlendioxyd. Gleichzeitig filtert sie rund eine Tonne Feinstaub und andere Schadstoffe aus der Luft. Auch verdunstet sie täglich an die 400 Liter Wasser. Wollte man sie ersetzen, müssten 2000 Jungbäume mit einem Kronenvolumen von je anderthalb Kubikmetern angepflanzt werden. Die Kosten dafür entsprächen derzeit 150 000 Euro. Die beschriebene Buche wirkt auf diese Weise über eine Lebensdauer von mindestens 200 Jahren. Diese Zahlen verdeutlichen, was ein einzelner erwachsener Baum zu leisten imstande ist.

Der Wert einer Schatten spendenden Ross-Kastanie oder einer Platane in einem Biergarten ist in Geld gar nicht darzustellen. Kein künstlicher **Schattenspender** kann es mit dem angenehmen, kühlenden und wohltuenden Baumschatten aufnehmen. Wollte man wirklich einen Vergleichswert ermitteln, müsste man die notwendigen Kosten, einen Biergarten zu beschatten, über 150 Jahre hinweg ansetzen. Jedoch ohne jemals jenes spürbare Wohlgefühl zu erreichen, das es nur in einem Baumschatten gibt.

Die Früchte der Bäume waren und sind für den Menschen und seine Haustiere, für zahllose Insekten, Wildtiere und Vögel eine wichtige Lebensgrundlage. Sie sind nicht nur eine verlässliche **Nahrungsquelle**, sondern bieten auch eine **Wohnstätte**, etwa für Spechte – oft über Generationen hinweg. Das Holz, auch der Äste und Zweige, dient als **Heiz- und Baumaterial**. Blüten, Säfte und Harze sind Rohstoffe für **Nahrungsmittel**, **Kosmetika** oder natürliche **Heilmittel**. Noch heute werden die Verschlüsse für die hochwertigsten Weine der Welt aus der wertvollen Rinde der Kork-Eiche gefertigt.

Nicht umsonst besitzen in dicht besiedelten Gebieten die **Parkanlagen** einen hohen Stellenwert. Parkbäume sind mit ihrem Blühen und ihren Düften, dem milden Schatten und dem melodiösen Säuseln und Rauschen im Wind einfach unersetzbar. Ihr Grün wirkt beruhigend und ausgleichend und ist von einzigartiger Schönheit. Das von ihnen verbreitete Mikroklima ist eine heilsame Wohltat. Gerade alte Parkbäume vermitteln Eindrücke aus längst vergangenen Zeiten. Sie sind lebendige Zeugnisse, die Geschichte und Geschichten aus Jahrhunderten überliefern können. Auch dann noch, wenn jene Menschen, die sie pflanzten, die Anlagen planten und das Wachsen genossen, bereits längst gestorben sind. Wie schön und beeindruckend ist ein Solitär, ein allein stehender Baum, auf einer Wiese, einem Hügel oder einem Berghang. Solche Bäume prägen die Identität ganzer Landschaften und Lebensräume. Auch in Bezeichnungen von Straßen, Wegen und Plätzen, Gasthöfen – selbst in Namen von Gebäuden und Menschen – tauchen die Bäume immer wieder auf.

Für Kinder gehören Bäume zum schönsten und abenteuerlichsten **Spielzeug**. Mit den starken und verwinkelten Ästen ermöglichen sie auch den Kleinen einen Blick von oben. Wälder und Parks sind so viel: heilsamer Raum für die Seele, Fitnessanlage für sitzstrapazierte Körper, Spielplatz und Ort der Erholung. Wer ist in der Lage, solche echten Werte zu schaffen? Allein der Wald mit seinen Bäumen. Das ist einfach unbezahlbar. Wer will den Nutzen messen – des erquickenden Schlafes unter einem Baum, des erfrischenden Spazierganges im Wald, des Ausruhens auf einer schattigen Parkbank, des unvergleichlichen Hörerlebnisses in einem vom Frühling erquickten Hain, des Geruches blühender Fichten, des kompletten und ganzheitlichen Anti-Stressprogrammes, das uns damit ständig zur Verfügung steht? Unsere gesamte Existenz, unser tägliches Wohlergehen hängt unmittelbar mit den Bäumen zusammen.

Umso mehr steht zu hoffen, dass ein modernes, an der Natur ausgerichtetes Werteverständnis dazu führt, dass der Schutz gerade alter Solitäre und markanter Baumpersönlichkeiten verstärkt wird. Schützenswert sind aber nicht nur Baumveteranen, sondern auch jüngere Bäume. Wir können dafür sorgen, dass sie in amtliche Register wie Kataster oder in Baumschutzpläne aufgenommen werden, damit ihre Bedeutung am jeweiligen Standort bewusst gemacht und ihre Unversehrtheit gesichert wird. Bäume haben bisher nur wenige »Anwälte«, die sie gegen wirtschaftliche Interessen verteidigen. Mancher Baum würde noch stehen, hätte er Fürsprecher gehabt. An nachvollziehbaren Argumenten für den Erhalt sollte es nicht scheitern, wenn wir uns die oben aufgezählten Werte vor Augen führen. Den Bäumen die ihnen zustehende Bedeutung zukommen zu lassen, bevor sie, ohne ein Sprachrohr zu haben, in bürokratischen Entscheidungen gefällt werden, erhöht ihre Überlebenschancen beträchtlich.

Damit wir auch zukünftig bewundernd vor einem Solitär, einer echten Baumpersönlichkeit stehen können, braucht es das Engagement möglichst vieler Baumfreunde. Dadurch werden die Verantwortlichen auf Gemeinde- und Länderebene auch Entscheidungen zugunsten der Bäume treffen. Es zählt mehr denn je die ideelle und auch die finanzielle Unterstützung durch Privatpersonen, die Bäume pflegen und erhalten wollen.

Die Höchsten und die Mächtigsten

Anders als auf anderen Kontinenten geben sich die europäischen Bäume scheinbar bescheiden. Nur wenige Bäume mit mehr als 15 Metern Umfang – das entspricht einem Durchmesser von gut fünf Metern – sind bekannt. Der Umfang eines Baumes ist im Regelfall der Maßstab für die Bestimmung des Alters, gleichermaßen auch für die Mächtigkeit. In Mitteleuropa sind Bäume mit mehr als zehn Metern Stammumfang die Riesen. Je nach Art muss ein Rekordmaß allerdings anders angesetzt werden.

Heimische Baumarten erreichen im Waldverbund eine durchschnittliche **Höhe** von 30 bis 40 Metern. Das entspricht immerhin der Höhe von 15 bis 20 aufeinander gestapelten VW-Bussen. Außergewöhnlich selten erreichen Laubbäume solche Ausmaße, die Nadelbäume übertreffen sie um einiges. So erreichen Tannen, Douglasien oder Fichten durchaus Höhen von bis zu 60 Metern. Im Freiburger Stadtwald steht eine Douglasie, die 63 Meter hoch ist. Damit ist sie Deutschlands höchster Baum und bestimmt einer der höchsten in Europa. Manch städtischer Kirchturm erreicht diese Höhe nicht ansatzweise. Vor einem solchen Exemplar zu stehen, lässt den Baumfreund in Ehrfurcht staunen.

Die wahren Baumriesen finden sich mit Höhen von weit über 100 Metern aber unter den Eukalyptusbäumen Australiens sowie den Douglasien und Mammutbäumen Nordamerikas. *Hyperion*, ein bekannter Küsten-Mammutbaum mit riesigen Ausmaßen, erreicht sogar eine Höhe von 115 Metern. Das entspricht der Höhe des Freiburger Münsters mit seinem bereits in der Gotik fertig gestellten Kirchturm. *Hyperion* steht im *Humboldt Redwood National Park* in Kalifornien. Noch gigantischer müssen jene Douglasien in Kanada gewirkt haben, die bei ihrer Fällung vor einigen Jahren ungefähr 130 Meter hoch waren.

Die **dicksten Bäume** sind die Mammutbäume und die in Afrika beheimateten Baobabs oder Affenbrotbäume. Aus Tansania sind Exemplare bekannt, die sagenhafte 30 Meter Umfang aufweisen. Unvorstellbar massiv ist allerdings eine bestimmte Sumpf-Zypresse im mexikanischen Tule mit einem Alter von biblischen 2000 Jahren. Ihr Umfang beträgt unglaubliche 58 Meter. Kein Wunder, dass dieser einzigartige, unvergleichbare Baum zu einer weltweiten Pilgerstätte von Baumfreunden geworden ist.

In diesem Buch werden europäische, einheimische Baumarten vorgestellt, die allesamt ihre exotischen Verwandten in den Rekordmaßen nicht erreichen. Dennoch gibt es gerade und auch nur in Europa beispielsweise die größten Linden, Eichen und Lärchen der Welt. Viele dieser europäischen Baumriesen besitzen den Status eines Naturdenkmals. Um ein besseres Gesamtbild zu den Standorten dieser Bäume zu erhalten, wäre eine weitaus genauere Beschreibung sowie eine flächendeckende Erhebung notwendig. Schutzmaßnahmen sollten beginnen, wenn Bäume in ihrer Lebensmitte stehen und nicht erst dann, wenn sie – manchmal rein durch Zufall – bereits zu einem Baumgreis geworden sind. Nur so ist sichergestellt, dass auch unsere Nachkommen erhabene und uralte Baumwesen erleben und bewundern können.

Der Lärchenwald oberhalb von Zedlach in Osttirol beheimatet zahlreiche Altlärchen mit einem Alter von über 600 Jahren.

Berg-Ahorn

(Acer pseudoplatanus)

Der Berg-Ahorn ist der mächtigste Laubbaum in den Bergen. Sein Verbreitungsgebiet reicht bis in eine Höhe von 1800 Metern Seehöhe, vereinzelt bis auf 2000 Meter. Er gilt als besonders robust, wächst auch an steilsten und feuchten Berghängen. Manchmal trifft man auf geteilte Stämme, die wie die Starkäste oft dick bemoost oder mit Flechten überzogen sind. Dieser Überzug schützt den Baum in harten Wintern zusätzlich, obschon der Berg-Ahorn Temperaturen bis minus 35 Grad in der Regel schadlos übersteht.

Von jeher wurde er auf Alpen ausgepflanzt und auf eine Fällung verzichtet, da er dem Vieh an heißen und regnerischen Tagen unter seinem Blätterdach Schutz bietet. Seine Blätter sind recht nahrhaft und wurden früher an das Weidevieh verfüttert. Getrocknet waren sie auch als Stallstreu sehr nützlich.

Ausgewachsene Exemplare erreichen eine Höhe von etwa 35 Metern. Der Baum bildet eine breite Krone aus sich windenden und drehenden, eng miteinander verwachsenen Ästen und Zweigen. Seine Herzwurzel reicht tief ins Erdreich. Zusätzlich greifen die anderen Wurzeln teils an der Oberfläche sichtbar in weitem Radius aus und sorgen auch in ausgesetzten Lagen für stabilen Halt.

Knallig gelb leuchtet das Blattwerk des Berg-Ahorns im Herbst auf grünen Wiesen als Solitär oder in losem Verbund in Fichten und Tannenwäldern, wo er sich gut behauptet. Sein feinporiges Holz ist hell und hart und eignet sich bestens für Möbel, Holzböden und

Der Berg-Ahorn trotzt den Unbilden des Gebirges und zeigt seine Stärke durch Wuchs und Beharrlichkeit.

Berg-Ahorn am Hörnlepass, Österreich

Dieser uralte Baum gilt als der älteste Berg-Ahorn Österreichs. Sein hohler Stamm ist Heimat und Schlafstätte für so manches Tier und lädt ein, sich den Baum von innen anzusehen. Er lebt, wie viele seiner Artgenossen, an einem eher feuchten Hang direkt am Waldrand, der ihm die Abendsonne verwehrt. Die Wiesen um ihn werden als Weiden für Kühe und Pferde genutzt, was ihm nicht zu schaden scheint. Immerhin ist seine Wurzelfläche mit einem Weidezaun geschützt, das darf man dem Landwirt dort sehr zu Gute halten. Die Krone ist altersbedingt ausgelichtet. Dennoch wirkt der greise Baum recht vital und kann noch viele Jahrzehnte leben.

Standort:	Riezlern, Kleinwalsertal, Österreich; am Hörnlepass kurz vor der Grenze zu Deutschland, am Waldrand
Geodaten:	47°23'07,2" N + 10°11'08," O, auf 1180 m
Stammumfang:	ca. 700 cm, unten hohl, 5 m bis zum Starkast
Höhe, Krone:	ca. 12 m, 25 m Durchmesser
Alter:	ca. 500–600 Jahre

Selbst an seinem schrägen Stamm wachsen Ebereschen und Farne, wie auf Waldboden.

Typisch Berg-Ahorn: ein Geflecht von sich drehenden Starkästen, ineinander verknotet und eingemantelt in dicke Moosdecken.

Die Starkäste sind wie mit einem flauschigen Fell übermoost.

Seit Jahrhunderten spendet er Mensch und Tier seinen Schatten. Er selbst lebt bescheiden hinter hohen Brennnesseln am Waldrand – der uralte Baumvater.

Berg-Ahorn in Leogang, Österreich

Dieser »jugendliche Berg-Ahorn« ist ein Prachtbeispiel für einen gesunden Baum noch vor seiner Lebensmitte. Er wächst in einer für Berg-Ahorne nicht sehr hohen Lage an der Südseite vor den Leoganger Steinbergen. Er konnte dort schnell an Umfang zulegen. Auffallend ist die ungewöhnliche Höhe. Seine Äste ragen rund 30 Meter in den Himmel. Der Stamm ist fest, hat einen fast neun Meter großen Sockel und ist voll massiv, was auf ein eher »geringes« Alter schließen lässt. Doch konnte er bereits riesige Starkäste bilden. Bei guten Bedingungen wird er doppelt so alt werden können und dann vielleicht einen Stammrekord aufstellen.

Standort:	Leogang, Salzburg, Österreich; Ortsteil Hütten, über der Bahn bergwärts, Waldrand
Geodaten:	47°26'34,7" N + 12°43'16,3" O, auf 900 m
Stammumfang:	ca. 520 cm, vollholziger Stamm, ab 2,5 m Starkäste
Höhe, Krone:	ca. 30 m, 15 m Durchmesser
Alter:	ca. 250 Jahre

Der vollholzige und massive Stamm ist sichtbar von den Kühen bearbeitet.

Auffallend sind die Starkäste, die er alle nach oben treibt. Der Mittelstamm erreicht eine stattliche Höhe von rund 30 Metern.

Im Stamm ist eine leichte Drehung erkennbar. Das machen diese Bäume öfters, wenn sie auf den Starkwind reagieren. Damit verfestigen sie die Statik und können die Krone besser ausweiten.

Vor ihm eine saftige Almwiese, hinter ihm der Waldrand, darüber ragen die imposanten Leoganger Steinberge empor.

Berg-Ahorne bei Mellau, Österreich

Im ruhigen, abgeschiedenen Mellental, hoch oben auf 1100 Meter, leben sieben uralte Berg-Ahorne, mit Stammumfängen von 600 bis 750 Zentimeter. Der älteste dieser Bäume ist weit über 400 Jahre. Ein wunderbarer Anblick – und Ausblick!

Unbeugsam und mit geballter Kraft stemmt sich dieser alte Baum seit Jahrhunderten den Kräften der Natur entgegen.

Dieser Baum hat einen Stamm von 730 Zentimeter Umfang und wird rund 400 Jahre alt sein. Auf der Baumweide der Waldalpe stehen die Bäume in Sichtkontakt. Die teilweise sehr schrägen Hänge erzwingen eine starke Wurzelbildung und massive, gedrungene Stämme.

Berg-Ahorn bei Mellau, Österreich

Hier oben scheint die Sonne einfach anders. Es sind kurze, intensive Sommer und lange Winter. Die Waldalpe findet nur der ortskundige Wanderer. Nach dem langen Weg entlang des Talbaches geht es steil hinauf, durch Misch- und Fichtenwald, dann eröffnet sich das Gebiet der mit Braunvieh bewirteten Alpe. Dieser Berg-Ahorn ist der stärkste in der Gesellschaft zahlreicher anderer uriger Baumgestalten.

Er hat einen gesunden Stamm und eine dichte Krone, Eigenschaften von jüngeren Bäumen, die er mit seinem stolzen Alter zur Schau trägt. Er wächst auf etwa 1100 Meter Seehöhe und spendet den Kühen Schatten und Futter (siehe dazu auch Seiten 24–25).

Standort:	Mellau, Bregenzer Wald, Vorarlberg, Österreich; Waldalpe im Mellental, ca. 5 km taleinwärts
Geodaten:	47°20'22,6" N + 09°49'58,2" O, auf 1100 m
Stammumfang:	ca. 750 cm, fester Stamm, ab 4 m Starkäste
Höhe, Krone:	ca. 22 m, 30 m Durchmesser
Alter:	ca. 400 Jahre

Der unterste Starkast hat einen Durchmesser von einem Meter.

Von der Stammseite talwärts fällt das Gelände rund zwei Meter ab bis zu den talseitigen Wurzeln.

Atemraubender Ausblick, südliche Sonnenlage – da fühlt man sich auch als Berg-Ahorn wohl.

Er breitet seine Krone weit aus und überspannt damit rund 30 Meter im Durchmesser. In seinem Schatten ruht oft das Braunvieh gemütlich zur Mittagszeit.

Berg-Ahorn bei Egg, Österreich

Dass Bäume, vor allen in den Bergen, wahre Statikkünstler sind, ist bekannt. Es gibt in diesem Buch einige Beispiele dafür. Deshalb soll auch dieser Baum seinen Platz finden. Direkt an der Kante zu einem steilen Berghang stockt er mit extrem schrägem Stamm. Der Wurzelansatz am unteren Ende ist fast drei Meter tiefer gelegen, was bei der Vermessung erhebliche Probleme ergab. Das stört ihn allerdings nicht – und wenn man diese Höhenlage und die Schneelasten bedenkt, ist das eine Meisterleistung der Natur.

Standort:	Egg, Schetteregg, Bregenzer Wald, Vorarlberg, Österreich; bei Ochsenhofalpe
Geodaten:	47°24'45,1" N + 9°59'24,6" O, auf 1150 m
Stammunfang:	ca. 520 cm, massiv, sehr schräge Stellung
Höhe, Krone:	ca. 10 m hoch
Alter:	ca. 250 Jahre

015

Berg-Ahorn Lecknertal, Österreich

Dieser ungewöhnlich große Baum steht am Anfang des Lecknertales, wo es – weiter oben – noch mehrere und auch ältere Brüder gibt. Vielleicht ist es die Kombination von feuchter Wiese, sonnigem und nicht zu hohem Standort, die ihn zu einem wahren Riesen seiner Art heranwachsen ließ. Vor etwa 30 Jahren hatte er eine große Öffnung im halbhohlen Stamm, die inzwischen aber fast völlig zugewachsen ist. Der Baum ist der Bevölkerung des Tales gut bekannt und als Startpunkt ein beliebter Treffpunkt für Wanderungen.

Standort:	Hittisau, Lecknertal, Bregenzer Wald, Vorarlberg, Österreich; nahe der Mautstelle, Parkplatz
Geodaten:	47°27'58,6" N + 10°00'14,6" O, auf 960 m
Stammunfang:	ca. 700 cm, teilweise hohl
Höhe, Krone:	ca. 25 m, 20 m Durchmesser
Alter:	ca. 400 Jahre

Berg-Ahorn bei Hittisau, Österreich

Ein weiterer prächtiger Berg-Ahorn des Bregenzer Waldes und im selben Tal, in dem sein »Zwillingsbruder« mit einer enormen Baumkrone lebt (Seite 7, 29). Dieser Baum steht am Waldrand, etwas beschattet und auf feuchtem Boden. Es fasziniert, dass er so gesund ist, denn ideal ist der Standort (inzwischen) nicht mehr. Seine Krone zeigt die ersten Schwächen, sie braucht mehr Sonne. Trotzdem ist der Stamm fest und zeigt viele Beulen und Wulste, was auf ein stattliches Alter hinweist. Auf der Wiese vor ihm weiden Kühe.

Standort:	Hittisau, Lecknertal, Bregenzer Wald, Vorarlberg, Österreich; beim Leckner-See, auf einer Alpe oberhalb
Geodaten:	47°28'05,8" N + 10°00'29,3" O, auf 1000 m
Stammumfang:	ca. 700 cm
Höhe, Krone:	ca. 16 m, 15 m Durchmesser
Alter:	ca. 400 Jahre

Berg-Ahorn bei Bizau, Österreich

Am Talende kann man Hirsche bei ihrer Brunft beobachten. Das raue Klima lässt kaum hochwüchsige Bäume aufkommen. Dieser einstmals bestimmt imposante Berg-Ahorn hat die Blüte seines Lebens bereits überschritten. Voller Kraft treibt er dennoch aus dem hohlen, morschen Stamm junge Triebe und baut sich eine neue Krone auf. Es ist sehr feucht an dieser Stelle, aber auch sehr sonnig. Das dürfte ihm behagen. Aufgrund der Höhenlage könnte er wesentlich älter sein als die geschätzten 400 Jahre. Das lässt sich nur erahnen.

Standort:	Bizau, Schönebach, Bregenzer Wald, Vorarlberg, Österreich; am Weg zur Unterfella-Alpe, links vom Forstweg
Geodaten:	47°21'02,9," N + 10°03'24,5" O, auf 1500 m
Stammumfang:	ca. 600 cm, durchgehend hohl, gespalten
Höhe, Krone:	ca. 8 m hoch, gesunde neue Stammschäfte
Alter:	ca. 400 Jahre

Berg-Ahorn bei Richisau, Schweiz

Über den Pragelpass im hinteren Klöntal bei Glarus darf man nur zeitweise reisen. Bei Richisau befindet sich eine alte, immer noch genützte Baumweide mit zahlreichen etwa 200-jährigen Berg-Ahornen. Eine Sehenswürdigkeit. Dieser Riese besticht durch einen geraden, weit nach oben zeigenden Wuchs und einen kerngesunden Stamm. Sein Standort ist geradezu ideal und er hat damit die Chance, noch viel älter und mächtiger zu werden. Hinter dem Pass befindet sich der geschütze Fichtenurwald Bödmeren (Seite 408).

Standort:	Richisau im Klöntal ob Glarus, Kanton Glarus, Schweiz; neben der Pass-Straße, nähe Gasthaus Richisau
Geodaten:	47°01'22,1" N + 08°54'43,4" O, auf 1100 m
Stammumfang:	ca. 550 cm
Höhe, Krone:	ca. 23 m, 12 m Durchmesser
Alter:	ca. 250 Jahre

Berg-Ahorn in Urigen, Schweiz

Einer der dicksten Berg-Ahorne überhaupt lebt seit Jahrhunderten im Bergdorf Urigen, Schweiz. Vor dem heutigen Stall, der rund 70 Jahre alt ist, stand früher ein viel älterer am selben Ort, begleitet von »urigen« Baumwesen. Voller Stolz erzählt mir der Altbauer aus der Geschichte seiner Familie und des Ortes. Der Baum ist völlig hohl und hat bis etwa fünf Meter Höhe einen gleichmäßig dicken Stamm. Zahlreiche Starkäste sind in den letzten Jahren gebrochen, die Krone besteht nur mehr aus zwei hochreichenden Ästen. Ein uriger Greis in Urigen.

Standort:	Urigen, Kanton Uri, Schweiz; Gebiet »Remsen«, direkt neben der Pass-Straße (zum Klausenpass)
Geodaten:	46°52'10,9" N + 08°46'30,4" O, auf 1410 m
Stammumfang:	ca. 860 cm, durchgehend hohl
Höhe, Krone:	ca. 12 m hoch, 2 Starkäste
Alter:	ca. 700 Jahre; Referenz: Michel Brunner

Am Boden misst der Stammsockel gewaltige zehn Meter, bevor er sich in die Erde verwurzelt.

Berg-Ahorn Ramsau, Deutschland

Sogenannte Tradebäume durften nicht gefällt werden. Die Bauern und Landpächter hatten auch einen Nutzen vom Baum. Sie sammelten und verwerteten Laub, Früchte und Äste. Deshalb blieb auch dieser wuchtige Berg-Ahorn auf einer Weide beim Kaltbachlehen stehen. Er lebt in der Nähe der sagenhaften Hindenburglinde (Seiten 180–183) und wirkt im Vergleich zu dieser fast noch jugendlich. Wirklich imponierend ist der riesige Stammfuß, der den Stammumfang fast verdoppelt. In seiner Gegend, ebenso auf der sonnenseitigen Alpe, stehen weitere betagte Berg-Ahorne und einige schöne alte Buchen. Ein Wanderweg führt an diesen Bäumen vorbei.

Standort:	Ramsau, Berchtesgadener Land, Bayern, Deutschland; an der Alpenstraße oberhalb des Ortes, ca. 3 km
Geodaten:	47°37'28,4" N + 12°52'47,7" O auf 910 m
Stammumfang:	ca. 680 cm, 4 m Stamm bis zum Starkast
Höhe, Krone:	ca. 12 m, 12 m Durchmesser
Alter:	ca. 300 Jahre

Über fünf Zentimeter dick sind die Moosdecken der Starkäste. Eine weiche Sitzunterlage für einen aussichtsreichen Hock auf luftiger Höhe.

Ohne Belaubung gut zu erkennen: Form und Wachstum des Baumes. Das hohe Stammende ist abgestorben. Die Starkäste übernehmen die Funktion des Kronenaufbaus.

Ein von der Natur geschaffenes Kunstwerk – der Berg-Ahorn in seiner Lebensmitte.

Die herbstliche Farbenpracht der Berg-Ahorne ist atemberaubend. Dieser stattliche Baum steht am Berghang über dem Rheintal bei Dornbirn, Österreich.

Die letzten Sonnenstrahlen der untergehenden Sonne tauchen das gelbe Herbstlaub in ein sattes Orange. Der Baum steht auf 700 Meter Höhe – bald schon wird hier Schnee liegen.

Sinnbild des ewigen Kreislaufes. Der Fichtenstamm wird noch einige Jahre brauchen, bis er zu nahrhafter Erde zerfallen ist. Er bildet damit die Grundlage für ein neues Baumleben des Berg-Ahorns direkt neben ihm.

Berg-Ahorne bei Steibis, Deutschland

Im südlichen Allgäu, an der Grenze zu Österreich, weitet sich eine Berglandschaft von besonderer Schönheit und Vielfalt aus. In Steibis gibt es zahlreiche sehr alte Bäume. Berg-Ahorne, Fichten, Tannen und sogar eine der ältesten Eiben des Landes. Am Wanderweg sind die geschützten Bäume gekennzeichnet. Es gibt sogar eigene Baumprospekte mit Wissenswertem über Bäume, Geschichte, Landwirtschaft (Seite 38–43).

Unbemerkt von den bekannten Wegen lebt im Wald ein besonders auffallender Berg-Ahorn mit hohlem Stamm und bestimmt schon 300 Lebensjahren.

Berg-Ahorn bei Steibis, Deutschland

In Steibis ist man stolz auf alte Bäume. Es stehen hier einige urige Berg-Ahorne und eine der ältesten Eiben Deutschlands. Ein Wanderprospekt zeigt den Weg, um einige dieser Baumwesen zu erwandern. Das lohnt sich im Winter wie im Sommer. Der Hochgrat ist ein beliebter Wanderberg. Von dort aus sieht man weit in den Bregenzer Wald auf österreichischer Seite, wo im übrigen ebenfalls große und alte Berg-Ahorne wachsen (Seite 24–31). Dieser starke und gesunde Baumgreis ist wohl der älteste hier und zeigt dies dem kundigen Betrachter.

Der Stamm ist hohl und von eigenartiger Form. Seine geduckte Höhe lässt auf hohen Druck der Schneelasten schließen. Tatsächlich hatte es auch an diesem Tag im Januar einen Meter Neuschnee.

Standort:	Steibis, Allgäu, Deutschland; von der Talstation Hochgrat hinauf zur Oberstiegalpe
Geodaten:	47°29'56,4" N + 10°01'19,0" O, auf 1170 m
Stammumfang:	ca. 660 cm, hohler Stamm
Höhe, Krone:	ca. 12 m hoch, weite Krone, ca. 20 m Durchmesser
Alter:	ca. 400 Jahre
	Referenz: Ullrich, Kühn (Deutsches Baumarchiv)

Bergseitig zeigt sich ein sehr ungewöhnliches Bild des hohlen Stammes. Fast sieht er aus wie ein gespaltener Elefantenfuß.

Berg-Ahorn bei Steibis

Nur wenige Minuten zeigte sich dieses Schauspiel: tiefliegende Abendsonne, stürmische Föhn-Wolkenbildung und eine künstlerisch anmutende Schattenzeichnung auf rund einem Meter Neuschnee.

Berg-Ahorn bei Steibis, Deutschland

Ein perfekter Wuchs, eine wunderschöne, ausladende Krone, kerngesund und in der Mitte seines Baumlebens. So präsentiert sich stolz dieser beeindruckende Baum. Seine Brüder am Berg sind älter und besitzen Stammumfänge von ebenfalls über sechs Metern. Die Berghänge, Weiden und gastfreundlichen Alpen laden zum Wandern und Verweilen ein. Höhenlage, Klima und Boden scheinen hier ideal für Berg-Ahorne zu sein. Neben diesem Veteran steht eine gigantische Weiß-Tanne mit 660 Zentimetern Stammunfang und rund 35 Metern Höhe. Sie könnte um die 500 Jahre alt sein. Eine traumhafte Baumgruppe mit Seltenheitswert!

Standort:	Steibis, Allgäu, Deutschland; von der Talstation Hochgrat hinauf zur Oberstiegalpe
Geodaten:	47°30'01,9" N + 10°02'40,7" O, auf 1100 m
Stammumfang:	ca. 700 cm, gesunder Stamm
Höhe, Krone:	ca. 25 m hoch, weite Krone, ca. 20 m Durchmesser
Alter:	ca. 350 Jahre

Die gewundenen und enggestellten Äste, alle nach oben zeigend, bilden eine sehr typische Krone. Der gesunde, vitale Baum streckt sie in den sonnigen Himmel.

Als ob er wüsste, wie schön er ist. Er zeigt sich in der Blüte seines Lebens mit perfekter Krone und gesundem Stamm.

Berg-Ahorn bei Toggenburg, Schweiz

Ein wunderbarer, noch nicht greisenhafter, dafür aber stattlicher Baum stockt an der Hangkante mit Blick in das Tal. Der mehrschaftige Stamm teilt sich wenige Meter über dem Boden und entwirft eine großzügige kugelförmige Krone. Offenbar hat der hiesige Förster das Potenzial dieses Baumes erkannt und für seinen Schutz gesorgt. Damit dürften diesem Exemplar noch zahlreiche Jahrzehnte geschenkt sein. Von der Hütte aus ist er gut sichtbar.

Standort:	Toggenburg, Schweiz; Steinrütistraße bergwärts, nach der Hütte Hagbeizli
Geodaten:	47°12'24,4" N + 09°53'28,4" O, auf 1270 m
Stammumfang:	ca. 600 cm
Höhe, Krone:	ca. 25 m, 30 m Durchmesser
Alter:	ca. 300 Jahre

Birke

(Betula)

Die Birke ist ein sehr anspruchsloser, schnellwüchsiger Pionierbaum. Mit der Vogelbeere und der Schwarz-Erle verbreitet sie sich als eine der ersten Baumarten auf Kahlschlagsflächen, in Überschwemmungsgebieten oder auf von Lawinen- und Murenabgängen verursachten Schutthalden. Ihre leichten Samen, von denen sie bis zu fünfzig Millionen im Jahr produziert, werden vom Wind getragen und sorgen so für eine große und schnelle Verbreitung.

Besonderes Kennzeichen ist ihre weiße »Haut«, die sich so bei keinem anderen Baum findet. In speziellen Lagen ist sie auch grau oder geperlt. Ihre herzförmigen Blätter verleihen dem Baum im Frühling ein strahlend grünes Blättergewand, das sich im Herbst leuchtend gelb verfärbt. Die weiße, papierartige Rinde ist wasserabweisend und schützt vor Erfrierungen. Damit reicht das Verbreitungsgebiet der Birke bis weit nach Norden.

Sie bildet mit Fichten oder Kiefern lockere Waldgesellschaften. Die Birke erreicht eine Höhe bis zu 25 Metern und (selten) einen Stammumfang von um die drei Meter. Ihr helles Holz findet im Boots- und Möbelbau sowie als Dachschindeln Verwendung. Besonders beliebt ist es ob seines Aussehens und seiner Brenneigenschaften für die Verwendung in offenen Kaminen. Aus den Blättern, Blütenkätzchen und Zweigen werden Heilmittel gewonnen und ihr wirkender Saft wird in der Kosmetik und Pharmazie eingesetzt.

Pioniergeist: Sanft silberweiß schimmernd, entrollt sie den nahrhaften Teppich für nachfolgend emporwachsende Baumwesen.

Buche

(Fagus)

Die Rot-Buche, deren Name von der Farbe ihres Holzes stammt, bildet dichte Waldgesellschaften. Ein weiteres Merkmal ist die glatte, dünne, graue Rinde. Hohe, bis weit hinauf astlose Stämme tragen das dichte Blätterdach der Buchen im Waldverbund, das nur wenig Licht auf den Waldboden fallen lässt. Kaum ein Strauch oder anderer Baum findet genug Licht, um sich entfalten zu können. Schichten von abgefallenen, braun gefärbten Blättern bedecken großzügig den Boden. Pilze fühlen sich hier sichtlich wohl. Nur ab und zu keimt aus einer Buchecker ein junger Baum, der auf die Chance wartet, die Lücke eines umgestürzten Altbaumes schließen zu können.

Hätte der Mensch nicht ab dem frühen Mittelalter aus Urwäldern Kulturwälder gemacht, wären Buchenwälder wahrscheinlich die beherrschende Waldform in Mitteleuropa. Als typischer Waldbaum zählt die Buche weder zu den größten, mächtigsten noch ältesten Bäumen. Seltene Exemplare erreichen im Waldverbund ein Alter über drei- oder gar vierhundert Jahren, als Solitäre sind es kaum mehr als zweihundertfünfzig Jahre. Buchen werden bis zu 45 Meter hoch und erreichen einen Baumumfang von maximal acht Metern, ganz selten mehr.

Tatsächlich leitet sich der Begriff Buchstabe von Buchen-Holzstäben her, auf denen Runen eingeritzt waren. Sie sollten über die Zukunft Aufschluss geben. Die Buche stand in Form einer Schreibtafel aus Buchenholz auch unserem Begriff Buch (althochdeutsch buoh) Pate.

Das Holz der Buchen, hart und gerade, besitzt eine hohe Tragfähigkeit. So findet es beim Bau und als Möbelholz seit jeher Verwendung. Auch der Heizwert des Buchenholzes zählt unter den heimischen Hölzern zu den höchsten. Darum ist es als Brennholz sehr beliebt. Die Bucheckern, die Früchte der Buchen, zählen bei Waldtieren und ihren kultivierten Verwandten, vor allem den Schweinen, zu den bevorzugten Futtermitteln. Früher wurden Bucheckern sogar in der Viehmast eingesetzt. Dabei wurden gerade die Buchenwälder als »Hute«-Wälder gestaltet und nutzbringend viele Jahrhunderte lang geschont.

Die Schattenspiele des Laubes spielen im Sonnenlicht am sanften, glatten Silbergrau des majestätischen Buchenstammes.

029

Buche bei Suppingen, Deutschland

In dieser ländlichen Gegend von Baden-Württemberg gibt es zahlreiche einzeln stehende Buchen und Linden (Solitäre), die an Wegkreuzungen und bei alten Gebäuden stehen. Diese mächtige Buche mit riesiger Krone thront auf einer sanften Anhöhe und ist weithin sichtbar. Sie sieht sehr vital aus, der kräftige, vollholzige Stamm ist kerngesund. Obwohl Buchen im Allgemeinen nicht sehr alt werden, könnte sich diese zu einer der seltenen Ausnahmen entwickeln.

Standort:	Suppingen, Baden-Württemberg, Deutschland; Am Ascher Trieb
Geodaten:	48°27'11,0" N + 09°43'33,2" O, auf 750 m
Stammumfang:	ca. 700 cm
Höhe, Krone:	ca. 22 m, 30 m Durchmesser
Alter:	ca. 250 Jahre
	Referenz: Ullrich, Kühn (Deutsches Baumarchiv)

Buche ob Schruns, Österreich

Der Hauptort des Montafons in Vorarlberg ist Schruns. An den steilen Süd-Berghängen stocken gesunde, nicht sehr alte Buchen- und Mischwälder. Trotzdem finden sich vereinzelt auch prachtvolle ältere Buchen, die im Wald schwer auszumachen und wie diese geschützt sind. Um über dem aufkommenden Jungwald zu bestehen, hat sie eine imponierende Höhe entwickelt. Sie steht wohl in ihrer Lebensmitte, ist vital und gesund.

Standort:	Schruns, Vorarlberg, Österreich; Gamplaschgweg – Malar, oberhalb des Ortes
Geodaten:	47°04'20,9" N + 09°56'13,9" O, auf 1040 m
Stammumfang:	ca. 470 cm
Höhe, Krone:	ca. 45 m hoch, sehr hoher Baum im Waldverbund
Alter:	ca. 200 Jahre

Buche Maienfeld, Schweiz

Diese Buche lebt auf einem steinigen Untergrund und musste ihre Wurzeln an der Oberfläche weit auslegen, um an Nahrung und in die Bodentiefe zu gelangen. Sie hat einen riesenhaften Stammsockel mit über 15 Metern Umfang. Auch ihr Stamm ist imponierend dick, wenngleich sie keine große Höhe erreicht hat. Die Baumkrone ist sehr ausladend. Der weitreichende Berghang wurde als Huteweide mit weiteren Eichen genützt und ist inzwischen geschützt. Der Weg ins berühmte »Heidi-Dorf« führt direkt an ihr vobei. Siehe auch Seite 110.

Standort:	Maienfeld, Graubünden, Schweiz; oberhalb des Ortes am Weg zum »Heidi-Dorf«
Geodaten:	47°01'09,3" N+09°32'18,8" O, auf 680 m
Stammumfang:	ca. 720 cm, 3 m Stamm bis zum Astkranz
Höhe, Krone:	ca. 12 m, 35 m Durchmesser
Alter:	ca. 250–300 Jahre

Diese Kinder spielen gerne in den riesigen Wurzeln des Baumes, wie einst auch ihre Eltern. Dies erzählte mir ihr stolzer Opa, der sich gut an die Buche aus seiner Kindheit erinnert.

Die enorme Hutebuche lebt in Sichtweite vieler alter starker Eichen.

Alles und jeden beschützend legt die alte, dicke Buche ihre »Schwingen« über die Wiese.

Buchen ob Finkenberg, Österreich

Eine Wanderkarte weist hier eine »Dicke Buche« aus, die mit einem Alter von über 700 Jahren angegeben ist. Sie liegt am Beginn eines sehr steilen, mit Felsbrocken bestückten Mischwaldes. Hier rasen regelmäßig Steinlawinen herunter und verletzen die Bäume. Die zweite Buche aber, die über der bekannten lebt, ist noch wesentlich stärker und sicherlich auch älter. Sie musste zehn Meter lange Wurzeln über den fast senkrechten Felsen schieben, bevor sie zum Waldboden gelangte. Ihr Stamm erzählt Geschichten vom harten Leben dort oben: mit Steinschlag, Starkwinden und Lawinen. Da ihr Wuchs fast identisch mit der unteren Buche ist, dürfte sie der Mutterbaum sein.

Standort:	Finkenberg, Zillertal in Tirol, Österreich; Ortsteil Persal, bergwärts am Kreuzweg
Geodaten:	47°09'06,8" N + 11°48'44,2" O, auf 1050 m
Stammumfang:	ca. 600 cm, Äste ca. ab 3 m, 10 m Wurzellänge
Höhe, Krone:	ca. 25 m
Alter:	ca. 400 Jahre

Am fast senkrechten Fels führt dieses Wurzelgeflecht fast zehn Meter entlang, bis es ins nahrhafte Erdreich eintaucht. Dazu hat sie wohl Jahrzehnte gebraucht.

Die bekannte alte Buche hat einen Stammumfang von 440 cm und dürfte über 300 Jahre alt sein. Ihr Stamm besteht zum Teil aus Totholz. Die Krone ist vital, einige Starkäste treiben kräftig nach oben.

Moose, Flechten, Pilze und Farne finden auf dem Stamm ihre Heimat, was auf Buchenstämmen eher ungewöhnlich ist. Das schattige und feuchte Klima dort begünstigt den Bewuchs.

Sie ist die unbekanntere der beiden Altbuchen, obwohl sie die stärkere und ältere ist.
Im sehr steilen Gelände hat sie sich fest verankert und weist einen riesigen Stammsockel auf.

Buche ob Casargo, Italien

In den stark bewaldeten Seitentälern am Comer See leben zahlreiche alte Buchen, vor allem auf den einsamen Alpen. Dieser beeindruckende Baum steht im jungen Buchenwald nach der Eselsalpe. Zu ihr führt ein weiter weg vom Dorf Casargo hinauf. Mit dem – inzwischen abgestorbenen – Seitenstamm hat er einen Stammumfang von 720 Zentimetern. In dieser Höhe wachsen Buchen recht langsam, deshalb scheint ihr greises Alter realistisch. Die alte Dame hat eine lebendige, sehr weite Krone mit Ästen von bis über zehn Meter.

Standort:	Casargo am Comer See, Italien; hoch über dem Ort liegt die Alpe Ortighera, nach dieser am Weg im Wald
Geodaten:	46°03'05,6" N + 09°22'32,3" O, auf 1300 m
Stammumfang:	ca. 660 cm
Höhe, Krone:	ca. 20 m, 20 m Durchmesser
Alter:	ca. 350 Jahre

Buche bei Harthausen, Deutschland

Auf der hügeligen ländlichen Schwäbischen Alb lebt diese stattliche Buche neben dem Feldweg – direkt am Waldrand. Sie hat ihre gleichmäßige Krone verloren, nachdem Starkäste auf der Wegseite rigoros abgesägt wurden. Ihr Stamm ist verknorrt und verbeult und zeigt eine bewegte Vergangenheit. Sie wird von den Einheimischen liebevoll »Büchli« genannt. Ihre verbliebene Krone streckt sie mit etlichen in sich verschlungenen Starkästen in die Höhe und vor allem in die respektable Breite.

Standort:	Harthausen im Allgäu, Deutschland; entlang der Kaistraße, etwa 2 km über dem Ort
Geodaten:	48°12'22,8" N + 09°08'43,5" O, auf 770 m
Stammumfang:	ca. 710 cm
Höhe, Krone:	ca. 20 m hoch, ca. 33 m breit, einseitig gestutzt
Alter:	ca. 250 Jahre
	Referenz: Ullrich, Kühn (Deutsches Baumarchiv)

036

Buchen bei Wieden, Deutschland

Im rauen, windigen Klima des südwestlichen Schwarzwaldes leben etliche alte Buchen aus der Zeit der Huteweiden ab dem 16. Jahrhundert. Dem Vieh gaben sie wertvollen Schatten, Laub und durch ihre Bucheckern auch Mastfutter. Sie wurden als Solitäre behütet und bewahrt. Viele von ihnen sind grandiose Baumgeschöpfe mit urigen, ungewöhnlichen Formen. Diese »Hutebuchen« kämpfen gegen Starkwind, eisige Schneelasten und große Temperaturwechsel. Das kostet Kraft – und in so manchem Jahr auch Äste oder Stammbrüche. Sie alle sind über 200 Jahre alt, manche sogar über 300 Jahre, was für diese Region außergewöhnlich ist.

Standort:	Wieden, Kreis Lörrach, Schwarzwald, Deutschland; Passparkplatz beim Wiedener Eck, Knöpflesbrunnen
Geodaten:	47°50'40,7" N + 07°52'02,5" O, auf 920 m
Stammumfang:	ca. 680 cm, Äste ca. ab 3 m
Höhe, Krone:	ca. 20 m
Alter:	bis ca. 350 Jahre

Obwohl sie im Winter Starkäste verloren hat, treiben neue Zweige voller Kraft aus.

Hier fand einstmals der Hirtenhund Wetterschutz – und der Hirte hatte seine Feuerstelle.

Der Überlebenskampf in der ungeschützten Hanglage fordert Opfer. Hohe Schneelasten und Starkwind brechen Starkäste und reißen Stämme entzwei.

Baumschlangen, Holzgeweihe, Riesententakel… Kaum eine andere Baumart erinnert so an tierische Formen und Bewegungen. Die Süntelbuchen sind eine Laune der Natur – sie zeigen dabei, dass sie Humor haben.

Süntelbuchen im Kellerwald, Deutschland

Die Süntelbuche ist eine »Varietät« der Rot-Buche: mit drehwüchsigem Stamm und wirren Ästen. In einem Höhenzug von Niedersachsen, dem »Süntel«, stand einst der größte Süntelbuchenwald. Es wird vermutet, dass von hier aus die Verbreitung über Europa stattgefunden hat. Im Naturpark Kellerwald (Seite 328) gibt es eine kleine, recht unbekannte Kolonie dieser eigenartigen Bäume. Ein besonderes Erlebnis! Der Forstmeister in Oberhausen gab mir bereitwillig Auskunft, wo genau sie zu finden sind. Sie leben gut behütet und versteckt im Dickicht eines Jungwaldes und sind um die 200 Jahre alt.

Süntelbuchen bei Oberhausen, Deutschland

Es sind kuriose, seltsame Gestalten. Diese Süntelbuche und einige ihrer Verwandten befinden sich in einem kleinen Wäldchen nahe der früheren Jägerburg. Sie leben neben dem Kellerwald-Wanderweg. Unvermittelt steht man irgendwann vor einer dieser Buchen. Sie füllen ihren Platz völlig aus, greifen mit ihrem Mantel aus Blättern weit aus, alle Äste reichen bis zum Boden, einige wachsen in ihm sogar weiter und bilden neue Triebe. Man muss zu ihr »vordringen«. Dann, wenn man beim Baumstamm ist, umhüllt sie einen mit ihren wirren Ästen und dem geschlossenen Laubdach. Eine eigene Welt. Stark bemoost sind Stamm und Äste und bieten ein märchenhaftes Bild. Diese wenigen Exemplare wurden bewusst vom damaligen Forstmeister angepflanzt. Sie stehen heute in der Mitte ihres Lebens und zeigen eine enorme Wuchsfreude und Vitalität.

Aus einem Wurzelstock entwachsen mehrere Stammsäulen, die sich weiter oben wieder verbinden und neue Stämme bilden.

Der Hauptstamm teilt sich in drei Schäfte auf, die dann wieder ineinander wachsen, um abermals mehrere Stämme zu bilden.

Standort:	Oberhausen, Kellerwaldgebiet, Hessen, Deutschland; südwestlich des Ortes Richtung »Jägerburg«
Geodaten:	51°04‘525,6“ N + 09°04‘38,8“ O, 460 m
Stammumfang:	ca. 300 cm
Höhe, Krone:	ca. 10 m, 25 m Kronenweite
Alter:	ca. 210 Jahre

Märchenhaft anmutende Baumgestalten beflügeln die Fantasie des Betrachters. Der Gestaltungsfülle der Natur sind offenbar keine Grenzen gesetzt.

Buchenblätter – eigene Welten im Kleinen

041

042

043

044

Buchenlaub im Herbst und Frühling. Ein großartiges Spektrum von Zeichnung und Farbe.

045

046

047

048

Edelkastanie

(Castanea sativa)

Die Esskastanie (Marone) ist ursprünglich in Mitteleuropa nicht beheimatet. Erst die Römer sorgten in den Südregionen der Alpen, etwa in der Steiermark, im Tessin, Wallis, Südfrankreich oder in Südtirol für die Verbreitung, da sie die Früchte, die Esskastanien oder Maronen, sehr schätzten. Tiefgefurcht ist ihre Rinde, die Stämme zeigen Knollen, Ausbuchtungen, Aushöhlungen und Adventivwurzeln. Teilweise werden die Exemplare sehr alt, erreichen einen Stammumfang von stolzen 15 und erreichen Höhen bis zu 36 Metern. Die Bäume vertragen einen großzügigen Rückschnitt, sodass man selbst bei alten Stämmen auf eine beinahe jugendlich wirkende Baumkrone treffen kann.

In der Vergangenheit besaßen solche Bäume für viele Bauern eine existenzielle Bedeutung. Die Maronen dienten als Nahrung für Menschen wie Tiere und wurden gehandelt. Ganze Baumweiden (Selven) wurden gepflanzt und gehegt, bis die Ernte und der Handel der Maronen an Bedeutung verloren. So findet man heute manch verwilderte und ungepflegte Giganten.

Ein eingeführter Wurzelpilz ist der Grund dafür, dass die Edelkastanien von der so genannten Tintenkrankheit befallen werden, die zum Absterben des Baumes führt. Vielerorts wächst heute die Wertschätzung für diesen uralten Kulturbaum und man bemüht sich verstärkt um Erhalt und Verbreitung.

Maronibrater – Kindheitsglück – Herbstzeitgedanken
ewig beständig, dieses Gefühl: Danke!

Edelkastanie bei Albions, Italien

Dieser Baum gilt als der mächtigste Norditaliens und auch als dickste Edelkastanie überhaupt. Vor etwa 120 Jahren wurde der Baum von einer Mure über zwei Meter zugeschüttet. Er hat dieses massive Ereignis überlebt. Das ist sehr ungewöhnlich, denn Wurzeln und Stamm mussten sich auf eine gänzlich neue Situation ein- und umstellen. Der Stammumfang wird damit eigentlich auf drei Meter Höhe gemessen – doch ist anzunehmen, dass er unterirdisch noch größere Ausmaße hat. Durch diese Situation und die Höhenlage des Standorts ist ein langsames Wachstum garantiert. Damit liegt die Kastanie auch mit ihrem geschätzten Alter bei den Rekordhaltern. Sie ist im Privatbesitz des Schlosseigentümers, der bereitwillig über sie und die Schlossgeschichte Auskunft gibt. Es gab vor etwa 40 Jahren Baumsanierungsmaßnahmen, die dem Baum sichtlich gut getan haben. Er ist nach wie vor in gutem Zustand und mit seinen Starkästen eine enorme Erscheinung, wenngleich er eine geduckte Statur aufweist. Die zugeschüttete Stammlänge fehlt ihm allerdings für eine ideale Gesamterscheinung.

Standort:	Albions, Südtirol, Italien; Seitenstraße bergwärts zu Schloss Lusenegg
Geodaten:	46°38'02,0" N +11°534'12,2" O, auf 760 m
Stammumfang:	ca. 1300 cm, auf ca. 3 m des zugeschütteten Stammes
Höhe, Krone:	ca. 14 m, ca. 25 m Durchmesser
Alter:	ca. 700 – 800 Jahre; Referenz: Jeroen Pater

Höhenlage und zusätzlich Nordausrichtung sind für den Baum eine ständige Herausforderung.

Zwölf Meter Stammumfang sind einfach gewaltig. Hier der Vergleich mit dem »winzigen« Rucksack.

051

Als wollte es Schutz suchen, so schmiegt sich das alte Schlösschen unter das mächtige Geäst des riesigen Kastanienbaumes.

Die Edelkastanie ist sonnenhungrig: Sie steht gerne frei und bis zum Abend im Sonnenlicht.

Auf etwa drei Meter Höhe breitet sich die Krone mit den mächtigen Starkästen aus.

Die Hände des diesen Baum bewohnenden Waldgeistes sind im Stamm erkennbar…

Edelkastanie bei Buchbach, Österreich

Sie ist die älteste Marone Österreichs und besitzt einen der umfangstärksten Stämme. Der Baum lebt an einem sanften Abhang direkt neben einem Bauernhaus im südlichsten Niederösterreich. Es ist warm hier, mit wenig Niederschlag und mild, ideal für Edelkastanien. Nebenan steht eine alte Baumweide sowie andere urige und wilde Baumgestalten. Der Baum wirkt gesund und vital, obgleich er gedrungen ist und eine bescheidene Krone trägt. Vor Jahrhunderten wurde er regelmäßig zurückgeschnitten. Der Stamm besteht aus Überwallungen, Wurzeln und Beulen – ein Abenteuer fürs Auge.

Standort:	Buchbach bei Pottschach, Niederösterreich, Österreich; am Bauernhof der Familie Lang, nahe der Langkapelle
Geodaten:	47°42'08" N + 15°58'52,5" O, auf 560 m
Stammumfang:	ca. 1200 cm, erster Starkast ab 3 m
Höhe, Krone:	ca. 12 m, 20 m Durchmesser
Alter:	ca. 600–700 Jahre

Diese Edelkastanie besitzt einen gedrehten Stamm mit über 600 cm Umfang. Sie dürfte rund 300 Jahre alt sein, wird aber nicht mehr geschnitten und bewirtschaftet.

Edelkastanien bei Pottschach, Österreich

Nur wenige Meter neben der riesigen Edelkastanie (Seite 70) stockt in einer nicht mehr bewirtschafteten Waldweide ein alter Maronenwald. Langsam gesellen sich Birken und weitere Pionierbäume hinzu, der Wald holt sich das Land der Bauern zurück. Einige der Bäume sind etliche hundert Jahre alt. Noch vor einer Generation wurde hier regelmäßig geerntet und geschnitten.

054

055

056

Die Romantik dieser Bilder trügt: Die Maronen wehren sich bislang noch tapfer gegen das Aufkommen von Pioniergehölzen und die allmähliche Verwaldung.

Edelkastanie bei Wilfresen, Österreich

Lange bin ich in dieser bewaldeten und hügeligen Gegend der Steiermark umhergefahren, habe mich von Hof zu Hof durchgefragt, bis ich die »Oma« mit ihrem Neffen gefunden habe. Sie führte mich zu ihren Bäumen. Es sind wahre Baumriesen. Es gibt zwar noch dickere Maronen in Österreich, aber diese gehören zweifelsfrei zu den mächtigsten Erscheinungen. Der gesunde Baum, vor den sich die beiden stellten, hat einen tief gefurchten, gebogenen Stamm, der in einer sich kaum verjüngenden Form weit nach oben ragt. Das macht diesen Baum zu etwas ganz Besonderem und lässt ihn gewaltig erscheinen. Der zweite Baum ist womöglich sogar älter. Lange wohnte ein Fuchs unter ihm, und Hornissen haben ihr Nest in ein Astloch gebaut. Er ist leider krank. Die Bäuerin versicherte mir, dass sie beide Edelkastanien regelmäßig mit Hühnerdünger versorgt, dass auch der inzwischen näher gewachsene Waldrand zurückgeschlagen wurde und dass nicht »jeder« zu den Bäumen darf. So war es schon seit vielen Generationen und sie ist sichtlich stolz darauf, dass sie dieses Erbe bewahren und weitergeben kann. Das darf sie auch: Nicht viele Menschen »besitzen« solch beeindruckende Baumwesen.

Standort:	Wilfresen, Steiermark, Österreich; beim Haslauer Hof in Unterfresen 73
Geodaten:	46°44'21,9" N + 15°32'04,9" O, auf 660 m
Stammumfang:	ca. 870 cm
Höhe, Krone:	ca. 25 m, ca. 15 m Kronendurchmesser
Alter:	ca. 400 Jahre

Die stolzen Besitzer pflegen die Bäume regelmäßig – und sind ihre Hüter.

Ein mächtiger Stamm mit tiefgefurchter Borke biegt und windet sich dem Himmel entgegen.

Edelkastanie in Chironico, Schweiz

Im sonnigen südlichsten Kanton der Schweiz wurden von jeher viele Selven (Baumweiden) mit Maronen bepflanzt, oft auf mühsam mit Steinmauern angelegten Terrassen. Es gibt rund 300 Edelkastanien im Tessin, die über 700 cm Stammumfang haben. Ein El Dorado alter Bäume! Dieser hier steht am Rand des Ortes und fällt durch seinen riesigen Stamm und seine gedrungene Form auf. Der Baum ist, wie viele andere Maronen auch, stark vom seinerzeit eingeschleppten Pilz *Castanea dentata* befallen und es wurden schon mehrere Rettungsversuche an ihm unternommen.

Der Stamm zeigt die unentwegten Bemühungen der Pflanze, sich zu erneuern und den Pilz zu bekämpfen. In der Stammhöhle gibt es Rindenüberwallungen und Adventivwurzeln, die dem – früher bedeutend höheren – Baum einen guten Halt verleihen und ihn entlasten. Der Stamm hatte in früheren Jahren mehr Umfang (etwa 15 Meter) und galt lange Zeit als der mächtigste der Schweiz. Der sonnige, trockene Platz behagt dem Baum, denn er ist mit großer Sicherheit weit über 700 Jahre alt und gehört damit auch zu den ältesten Edelkastanien in Europa.

Standort:	Chironico, Bosco Savert, Tessin, Schweiz; auf Berganhöhe im Ortsgebiet, Tal des Ticino
Geodaten:	46°25'26,2" N + 08°50'40,5" O, auf 780 m
Stammumfang:	ca. 1260 cm, hohler Stamm
Höhe, Krone:	ca. 8 m, junge Krone, keine Starkäste
Alter:	ca. 750 Jahre; Referenz: Michel Brunner

Als ob der Stamm aus vielen gewundenen Einzelstämmen geformt wäre …

Rindenüberwallungen, Adventivwurzeln und junge Triebe im Innern des Baumstammes.

Trotz aller Unbilden der Natur scheint der Lebenswille dieses Baumgreises ungebrochen zu sein.

Edelkastanie bei Aurigeno, Schweiz

Die Bauern in dieser Region waren auf Maronen angewiesen: Selven wurden angelegt, Baumweiden, auf welchen die Bäume gepflegt und geschnitten wurden. Seit das Tessin vom Tourismus lebt, sind die Selven aufgegeben worden. Seit einigen Jahren gibt es nun wieder Initiativen, die diese alten Kulturflächen wieder frei machen, die Bäume schneiden und auf den Bestand achten. Dieses Exemplar ist ein besonders edles Wesen. Es schmückt, schützt und beschattet ein »Rustico«-Ferienhaus. Der Umfang ist beachtlich.

Standort:	Bei Aurigeno im Maggiatal, Tessin, Schweiz; auf der Alpe Djula und Ghiüla, an einer Selve
Geodaten:	46°12‘22,3“ N + 08°44‘01,0“ O, auf 580 m
Stammumfang:	ca. 900 cm
Höhe, Krone:	ca. 21 m, 12 m Durchmesser
Alter:	ca. 400 Jahre

Edelkastanie in Cerentino, Schweiz

Der stolze Hobbylandwirt, dem diese Selve gehört, erzählte mir von den zahlreichen Bäumen, die er besitzt und pflegt. Diese Edelkastanie fällt durch ihren geraden Wuchs auf. Sie kommt erst noch in ihr bestes Alter, die Baumspitze leidet allerdings sichtlich. Die hohe Lage erschwert das Wachstum: Viel höher überlebt dort keine Marone. Deshalb ist ihr Wuchs auch langsam. Sie wird wohl deutlich über 300 Jahre alt sein. In ihrer Nähe wächst der stärkste Baum des Ortes, mit 900 cm Umfang.

Standort:	Cerentino im Valle Maggia, Tessin, Schweiz; an der Dorfstraße talseitig
Geodaten:	46°18'16,8" N + 08°32'51,74" O, auf 970 m
Stammumfang:	ca. 750 cm
Höhe, Krone:	ca. 8 m hoch, einseitige Krone mit ca. 6 m
Alter:	ca. 300 Jahre

Edelkastanie über Buseno, Schweiz

Im nördlichen Tessin, dort, wo es an Graubünden grenzt, enden die idealen Bedingungen für Edelkastanien. In Lostallo etwa gibt es noch wenige prachtvolle Exemplare in den mehr und mehr zuwachsenden Bergwäldern. Die Straße führt mit vielen Kurven von Buseno in die Höhe. Am Bergrücken weiten sich saftige Wiesen und Selven (Maronen-Weiden) aus. Einige der Steinhäuser sind bewohnt. Hier oben kann der Winter kalt und lang sein, die Nächte kühl – und die Bäume wachsen langsamer als am Talgrund. Dieser besondere Baum hatte einst einen riesigen Stamm, der inzwischen aber verdorrt ist. Aus der Stammrinde trieb er neue kräftige Stammschäfte hervor, die eine außergewöhnliche Höhe erreichen. So wirkt er sehr vital und besitzt eher jugendliche Proportionen. Wenn die Stämme gut zusammenhalten, kann der Baum noch sehr lange überdauern.

Standort:	Giova ob Busino, Tessin, Schweiz; Bergstraße etwa 700 m über Talsohle auf Alpe
Geodaten:	46°15'05,5" N + 09°06'56,5" O, auf 950 m
Stammumfang:	ca. 1100 cm, Innenstamm dürr, mehrere Schäfte
Höhe, Krone:	ca. 18 m hoch
Alter:	ca. 500 Jahre

Riesiger mehrschaftiger Stamm mit neuen Wurzeln und Trieben und mit einem über vier Meter breiten Durchmesser.

Aus dem Urstamm sind vor sicherlich mehr als hundert Jahren vier stattliche Stämme mit fast 20 Meter Höhe entwachsen.

Eine Vegetation so üppig und südlich, wie sie in kaum einer anderen Region Europas existiert. Willkommen auf dem Hochplateau der Baumsaurier!

Maronen-Selve ob Cresciano, Schweiz

Ein faszinierender Ort, von welchem man sofort gefangen ist. Eine Hochebene erstreckt sich mitten im dichten Bergwaldgebiet. Der Blick ist weit über das Tal geöffnet. An diesem trockenen, sonnigen Platz gedeihen nach wie vor viele Altbäume, die neuerdings wieder geschnitten und gepflegt werden. Das alte Kulturerbe der Selven wird im Kanton Tessin wieder belebt. Es geht nicht nur um das Bewahren der greisen Baumwesen, sondern auch um die Anerkennung der harten Arbeit der Waldbauern, die einst das Waldland urbar machten und damit für ihre Familien und Tiere eine Lebensgrundlage schufen. Daran erinnern noch zahlreiche Rustici (Steinhütten), Wege und Brücken und informative Tafeln, die uns über die Traditionen und das harte Leben berichten.

Alle diese Bäume haben einen Umfang von fünf bis sieben Meter und sind bis zu 300 Jahre alt.

Edelkastanie in Scena, Italien

Im sonnigen Südtirol leben zahlreiche uralte Bäume. Die Edelkastanien der Bauern versorgten diese mit den früher lebenswichtigen Maronen. Sie wurden, so wie diese alte Kreatur, gepflegt und regelmäßig zurückgestutzt. Das erleichterte das Ernten der Früchte und sorgte für eine Verdichtung der Krone. Die Bäume haben das gut verkraftet. Der Stamm wirkt vollholzig, was für das hohe Alter eher eine Ausnahme ist. Damit hat dieser Baum gute Voraussetzungen, noch einige Jahrhunderte weiterleben zu können.

Standort:	Scena bei Meran, Südtirol, Italien; am Wiesenweg (via Verdins) beim Gasthaus
Geodaten:	46°41'46,7" N + 11°12'17,2" O, auf 640 m
Stammumfang:	ca. 900 cm
Höhe, Krone:	ca. 8 m
Alter:	ca. 500 Jahre

Edelkastanie ob Cresciano, Schweiz

Vom Förster im Ort, der bei vielen Mischwald-Neugründungen mitgewirkt hat und die Tessiner Wälder bestens kennt, erfuhr ich, wo ein versteckter Weg in die Bergwaldregion führt. Nach vielen Kilometern und weit über dem Tal eröffnet sich eine alte Selve (Maronen-Baumweide), die neuerdings wieder gepflegt wird. Diese alte Marone mit breitem Stamm lebt – mit bescheidener Krone – am Rand der Hochebene. Sie gehört zu den ältesten Bäumen in der Region. Mehr über diese einzigartige Selve auf Seite 82.

Standort:	Cresciano, Tessin, Schweiz; auf der Alpe Cavri, oberhalb der Ortschaft
Geodaten:	46°17'25,3" N + 09°00'33,4" O, auf 760 m
Stammumfang:	ca. 1000 cm
Höhe, Krone:	ca. 10 m hoch, Krone mit ca. 12 m
Alter:	ca. 450–500 Jahre

Edelkastanie bei Brusino, Schweiz

Von der Bergstation führt ein romantischer Weg hinüber zu der Alpe mit diesem enormen Baumgreis. Eine weitere Marone lebt direkt neben ihm im Gastgarten. Kinder spielen im hohlen Stamm mit immerhin 950 Zentimetern Umfang. Die beiden Bäume sind berühmt in der Region und werden gerne und oft besucht und bestaunt. Ein riesiger, alter Kirschbaum mit fast vier Metern Stammumfang lebt in Sichtweite am Waldrand. Offenbar ist das ein Ort, an dem die Menschen seit Jahrhunderten sorgsam und bewahrend mit der Natur umgehen. Ein Vorbild-Ort.

Standort:	Alpe Brusino Arsizio, über dem südlichen Luganer See, Tessin, Schweiz
Geodaten:	45°55'15,7" N + 08°56'41,4" O, auf 675 m
Stammumfang:	ca. 1200 cm, Stamm völlig hohl
Höhe, Krone:	ca. 15 m, kleine Krone
Alter:	ca. 600 Jahre

067

Edelkastanie Alpe Monda, Schweiz

Nach einem steilen, schweißtreibenden Aufstieg vom Speichersee eröffnet sich ein fantastischer Blick auf das Tal und in die verschneiten Berge. Dieser mächtige Baum lebt schon fast an der Höhengrenze für Maronen, zeigt sich aber in sehr vitaler und gesunder Form. Weiter unten, bei Padresc, lebt seine »Schwester« mit derselben Wuchsform und bereits 850 cm Umfang. Die beiden wachsen langsamer als ihre Verwandten im Tal, sodass ein Alter von über 500 Jahren wahrscheinlich ist.

Standort:	Alpe Monda über Padresc, bei Personico, Tessin, Schweiz
Geodaten:	46°21'27,2" N + 08°55'44,2" O, auf 895 m
Stammumfang:	ca. 950 cm
Höhe, Krone:	ca. 25 m hoch, ca. 18 m Durchmesser
Alter:	ca. 500 Jahre

Eiche

(Quercus)

In unseren Breiten sind vor allem die Trauben- und Stiel-Eichen heimisch. Sie sind schwer zu unterscheiden. Ihr Vorkommen beschränkt sich im Wesentlichen auf die Ebene und das Tiefland. Über achthundert Metern Meereshöhe trifft man sie selten an.

Mit dem Zickzack ihrer Äste, ihrem mächtigen Stamm, der bis zu zehn Meter Umfang erreichen kann, und ihrer Höhe von gut 45 Metern stellt die Eiche in ihrem Erscheinungsbild, auch weil sie oft alleine steht, einen der beeindruckendsten Vertreter der Baumwelt dar. Ihre Pfahlwurzel, die oft bis zum Grundwasser hinab reicht, verleiht ihr ein außerordentliches Stehvermögen. Im Alter besitzt sie eine tief gefurchte Rinde, die nicht selten Verletzungen durch Blitzeinschläge zeigt. Darum wohl sagt der Volksmund beim Herannahen eines Gewitters: »Eichen sollst du weichen.« Nur langsam verheilen diese Wunden. Sie bleiben über viele Jahre, ja Jahrhunderte sichtbar, kann die Eiche doch ein Alter von eintausend Jahren erreichen. Ihr Holz zählt zum robustesten und witterungsbeständigsten überhaupt. Seine Verwendung war und ist vielfältig. Von den Tragstämmen der Pfahlbauten über Baumaterial in Burgen bis zu Eisenbahnschwellen, Holzfässern und zum Schiffsbau. Es ist sehr schwer und hart. Das Holzgewicht der Eiche beträgt 670 bis 1400 Gramm pro Kubikdezimeter (ein Liter) und ist damit teilweise fast eineinhalbmal schwerer als das Gewicht von einem Liter Wasser. Nur das Holz der Hainbuche und des seltenen Speierlings ist noch schwerer.

Die Früchte, die Eicheln, dienen vielen Waldtieren als Nahrung und wurden früher wie auch heute in manchen Gegenden zur Schweinemast verwendet (Hutewald). Die uralten und mächtigen Eichen im norddeutschen Ivenack oder die *Robin-Hood*-Eichen in Südengland zählen zu den am häufigsten besuchten Naturdenkmälern Europas. Das zeigt auf eindrucksvolle Weise, wie Baum- und Geschichtswelt miteinander verbunden sind.

Allem entgegenstehend, kraftvoll und fruchtbar,
tief verwurzelt im Selbst – wie eine Eiche.

Eiche in Eisolzried, Deutschland

Diese Eiche ist kaum bekannt, obwohl ihr Alter und Stammumfang sehr bedeutend sind. Sie steht am Dorfeingang in einer ländlichen Gegend in Bayern: bei einem großen Stall und Hof. Der Teich hinter den Gebäuden erinnert an frühere Jahre, als es hier bis 1737 ein Schloss gegeben hat.

Deshalb trägt die Eiche auch den Namen *Schlosseiche*. Ihr Stamm ist sehr massiv, tonnenähnlich und ohne Hohlräume. Das Leben hier gefällt ihr wohl, sie hat ausreichend Sonne und einen trockenen Untergrund. In der Nähe wächst eine Pappelallee heran, die ihr die Abendsonne nimmt. Wenn das geschätzte Alter stimmt, könnte sie im Mittelalter vielleicht die Funktion einer Gerichtseiche gehabt haben.

Standort:	Eisolzried, Bayern, Deutschland; an der Ortseinfahrt, bei Gehöft und Teich
Geodaten:	48°15‘33,8“ N + 11°20‘08,0“ O, auf 500 m
Stammumfang:	ca. 960 cm, erster Starkast auf 4 m
Höhe, Krone:	ca. 22 m, 10 m Durchmesser
Alter:	ca. 650 Jahre Referenz: Ullrich, Kühn (Deutsches Baumarchiv)

Mit einer leichten Drehung und einem dynamischen Schwung steigt der Stamm in den Himmel.

Am Ortsrand beginnen weite Felder und Flurwäldchen.

Mächtig und stolz: Diese alte Eiche steht für Weisheit und Gerechtigkeit.

Eiche bei Gollingkreuth, Deutschland

Ein Bild von einem Baum! Diese alte urige Stiel-Eiche steht am Dorfrand an einem Weg mitten zwischen den bewirtschafteten Feldern und gilt als größte ihrer Art in Bayern. Sie ist weithin sichtbar und es ist eigentlich ein kleines Wunder, dass sie hier – so exponiert – bislang durch keinen Blitzschlag getroffen wurde. Laut Fachliteratur soll sie vor einigen Jahrhunderten als Gerichtseiche gewirkt haben. Gut möglich, dass an ihr auch vollstreckt wurde. Der erste Starkast hat eine enorme Dicke und gibt dem Baum seine reizvolle besondere Form. Vor einigen Jahren wurde der gegenüberliegende Ast entfernt, was der Symmetrie geschadet hat. Der Baum selbst hat aber die Verletzung gut verkraftet und auch zum Teil mit Rinde überwallt. Erfreulich ist, dass der Landwirt dem Baum Freiraum lässt und seine Nutzflächen in einiger Entfernung von ihm hält. Das muss ihm hoch angerechnet werden, denn damit bleibt der Wurzelbereich der Eiche unbeschadet. Und sie darf so noch wesentlich älter und dicker werden.

Standort:	Gollingkreuth, Bayern, Deutschland; am Wegrand vor der Ortsgrenze
Geodaten:	48°33‘47,6“ N + 11°10‘03,9“ O, auf 440 m
Stammumfang:	ca. 910 cm, erster Starkast ab 2,5 m
Höhe, Krone:	ca. 30 m, 18 m Durchmesser
Alter:	ca. 500 Jahre
	Referenz: Ullrich, Kühn (Deutsches Baumarchiv)

Ehrfurcht gebietend beschützt der Methusalem sein Reich.

Direkt beim Altbaum reckt der Nachwuchs seine Äste in den Schatten.

Obwohl die Eiche schon über 500 Jahre alt sein dürfte, zeigt sie keine Alterserscheinungen. Sie ist kerngesund und, wie es scheint, erst in der Mitte ihres Lebens angelangt.

Eiche bei Stapel, Deutschland

Der Waldweg führt weit durch Kiefernforste mit bodendeckenden Heidelbeeren. Dann breitet sich unvermittelt eine große Wiese aus, samt ehrwürdigem Försterhaus und Nebengebäuden. Die Mitte markiert die uralte Eiche. Das ist zwar ein sonniges, sturmgeschütztes Plätzchen, doch der sandige, nährstoffarme Boden hat das Wachstum nicht unterstützt. Obwohl sie von gedrungener Gestalt ist, spürt man doch ihr erhabenes Alter. Der Stammumfang ist eigentlich wesentlich größer, als er gemessen wird (ihre Taille ist genau auf der üblichen Messhöhe von 130 cm). Deshalb gehen die Altersschätzungen von anderen Baumkennern weit höher, als ihre Größe es vermuten ließe. Ihr Stamm zeigt immer noch deutliche Spuren eines Blitzeinschlages, der allerdings sehr lange zurückliegen muss. Er ist weitgehend hohl. Die kräftigen Zweigtriebe und die bis ganz oben gesunde Krone zeugen aber von einer ganz lebendigen Eiche, die kämpfen und überleben kann.

Standort:	Stapel, Niedersachsen, Deutschland; beim Forsthaus Grünenjäger, 2 km nordöstlich des Ortes
Geodaten:	53°15'44,2" N + 10°59'52,1" O, auf 40 m
Stammumfang:	ca. 920 cm auf 130 cm, darüber und darunter 1100 cm
Höhe, Krone:	ca. 16 m, 10 m Durchmesser
Alter:	ca. 700 Jahre
	Referenz: Ullrich, Kühn (Deutsches Baumarchiv)

Die Krone entwickelt sich von einem einzigen Stammpunkt aus.

Der Blitz hat den starken Stamm geteilt und den Baum zerrissen.

Besucher gibt es hier nur wenige. Der Förster mit seiner Familie und seine Helfer genießen die Nähe und den Schatten des Baumgreises gerne und regelmäßig.

Eiche von Volkeroda, Deutschland

Die *Königseiche* auf dem Festplatz des Dorfes ist eine Stiel-Eiche und eine der mächtigsten Eichen Deutschlands. Sie wurde vor etwa 20 Jahren durch Bohrkernmessungen auf ihr greises Alter untersucht. Ergebnis: Sie war bereits zur Zeit der Entdeckung Amerikas eine zweihundertjährige, stattliche Eiche! Ihr Standplatz lässt vermuten, dass sie in der Geschichte des Dorfes immer schon eine wichtige Rolle spielte. Noch heute werden Dorffeste unter ihrem Dach gefeiert. Ihr Stamm ist vollkommen hohl, dennoch vital. Das große Stammloch ist durch den Bruch eines gewaltigen Starkastes mit 16 Metern Länge entstanden, der 1955 stattfand. Sie hat diese Stelle inzwischen mit ihrer Rinde gut überwallt und vor weiterem Ausbruch geschützt. Selbst mit einem hohlen Stamm kann sie gut weiterleben. Man erkennt in ihrer Krone gesunde und belaubte Triebe, was auf eine stabile Gesundheit und starke Vitalität hinweist. So gesehen könnte sie zu einer wirklichen tausendjährigen Eiche werden.

Standort:	Volkenroda, Unstrut-Hainichkreis, Thüringen, Deutschland; am Ortsrand Richtung Obermehler
Geodaten:	51°15'08,9" N + 10°34'18,6" O, auf 290 m
Stammumfang:	ca. 970 cm
Höhe, Krone:	ca. 25 m, 20 m Durchmesser
Alter:	ca. 700 Jahre

Vorbildlich wird ihr Wurzelbereich mit einem kleinen Zaun geschützt.

Ein massiger, tief gefurchter Stamm, dem man die Jahrhunderte ansieht.

Das riesige Loch in ihrem Stamm hat die Eiche gut überwallt. Die Baumschützer haben darin ein Gitter eingesetzt, um den hohlen Innenraum zu schützen.

Eiche bei Borlingshausen, Deutschland

Sie wird von den Dorfbewohnern *Rieseneiche* genannt. Ein bescheidenes Holzschild am Dorfrand zeigt auf den Feldweg, der zur alten Eiche führt. Seit vielen Jahren wird sie gestützt und restauriert. Ihr völlig hohler Stamm ist vor etwa 100 Jahren in zwei Teile gebrochen. Die Krone war damals mit einem Umfang von fast 70 Metern wesentlich größer. Nun, sie hat ihre Lebensmitte schon lange überschritten und ist vielleicht noch wesentlich älter, als die Schätzungen lauten. Ohne Zweifel ist sie eine der bekanntesten Eichen. In ganz Europa erreichen nur eine Handvoll Exemplare einen stärkeren Umfang! Die mächtige Ivenacker Eiche (Seite 106) weist knapp 1150 cm auf, allerdings ist jene noch vollholzig. Diese Stiel-Eiche am Waldrand, neben einem kleinen Bächlein, zeigt sich bescheiden. Sie wird klugerweise mit einem Zäunchen geschützt, sodass der Boden über ihren Wurzeln nicht zertrampelt oder zu stark verdichtet wird. Am sonnigen Julitag meines Besuches zeigte sie sich von ihrer schönsten Seite. Viele neue Zweige und Blätter zierten ihre Krone und man kann zweifelsfrei erkennen: Sie will noch lange weiterleben.

Standort:	Borlingshausen, Nordrhein-Westfalen, Deutschland; Feldweg etwa 1 km nordöstlich des Ortes, am Bächlein
Geodaten:	51°34'53,5" N + 09°03'13,4" O, auf 265 m
Stammumfang:	ca. 1250 cm hohler, geteilter Stamm
Höhe, Krone:	ca. 18 m, 20 m Durchmesser, etliche Astbrüche
Alter:	ca. 700 Jahre

Durch die Öffnung im Stamm kann der Baum »betreten« werden. Eine massive, glatte Holzinnenseite (ähnlich einem Eichenfass) umhüllt dann den Besucher.

Der Stammbruch wurde seinerzeit ausgemauert, was in diesem Fall wohl auch geholfen hat.

Das beschauliche Plätzchen zwischen Feldweg und Waldrand bietet diesem Baumgreis ideale Lebensbedingungen.

Eiche in Lüttenhagen, Deutschland

In der Feldberger Seenplatte liegt der Ort Lüttenhagen. Von hier aus starten die kundigen Naturliebhaber zu einem Abenteuerweg durch die Heiligen Hallen mit riesigen Buchen (Seite 290). Hinter der etwas erhöht liegenden Kirche des Dorfes lebt diese knorrige Eiche von geducktem Wuchs. Sie wirkt sehr jugendlich und vital. Sie wurde wahrscheinlich – entgegen den damals üblichen Ritualen mit Pflanzungen von Linden – beim Bau der Kirche gesetzt.

Standort:	Lüttenhagen, Mecklenburg-Vorpommern, Deutschland; Ortsmitte bei Kirche und Friedhof, etwas erhöht
Geodaten:	53°20‘20,4“ N + 13°23‘09,2“ O, auf 125 m
Stammumfang:	ca. 820 cm, vollholziger, gesunder Stamm
Höhe, Krone:	ca. 12 m, 10 m Durchmesser, vital
Alter:	ca. 450 Jahre

Eiche südlich Teterow, Deutschland

Beim renovierten Schlosshotel Burg Schlitz leben einige alte Bäume. Das ehemalige Landgut wurde um 1812 vom Grafen von Schlitz übernommen und erhalten. Diese bemerkenswerte Eiche steht neben einem Tümpel auf einer offenen Weide. Der Stamm des Baumes weist starke Verletzungen durch Blitzeinschlag auf und ist zum Teil hohl. Die ungewöhnliche Kegelform des Stammes ergibt sich durch seinen enormen unteren Umfang und die eher geringe Höhe. Eine märchenhafte Baumgestalt.

Standort:	Burg Schlitz, südlich Teterow, Mecklenburg-Vorpommern, Deutschland; beim Schloss Schlitz freistehend am Tümpel
Geodaten:	53°42'13,7" N + 12°32'24,8" O, auf 70 m
Stammumfang:	ca. 900 cm, Blitzschlagverletzung, zum Teil Totholz und hohl
Höhe, Krone:	ca. 15 m hoch, 10 m Krone
Alter:	ca. 400 Jahre
	Referenz: Ullrich, Kühn (Deutsches Baumarchiv)

Eiche ob Nagel, Deutschland

Kaum eine andere Eiche zeigt einen solch massiven und hohen Stamm mit einem Umfang von fast zehn Metern. Dieser stolze Turm aus Hartholz lebt an einem feuchten Hang hinter dem Wasserschlösschen Nagel, das aus dem 15. Jahrhundert stammt. Der heutige Schlossherr hat nach seinen Angaben eine Altersbestimmung per Bohrung vornehmen lassen und schwört auf ein Alter von rund 1000 Jahren. Das erscheint mir und anderen Baumkennern eher unwahrscheinlich. Möglicherweise ist sie aber auch bedeutend älter als die geschätzten 600 Jahre. Ein Beweis dafür wäre ihre tief gefurchte Rinde mit bis zu zehn Zentimeter tiefen brettartigen Rindenschuppen, wie sie nur bei uralten Eichen und kaum in diesen Dimensionen vorkommen. Es bleibt also ein Hauch von Geheimnis um das wahre Alter dieses einzigartigen Baumes bestehen. Inzwischen ist er von einem kleinen Wäldchen zugewachsen worden. Seine Krone allerdings erstreckt sich – weithin sichtbar – über alle anderen Baumnachbarn.

Standort:	Nagel, nahe Küps, Bayern, Deutschland; oberhalb des Dorfes beim Wasserschloss Nagel
Geodaten:	50°11'22,6" N + 11°14'34,2" O, auf 320 m
Stammumfang:	ca. 950 cm, astlos, zylindrischer, vollholziger Stamm!
Höhe, Krone:	ca. 30 m, 12 m Durchmesser, kurze, kräftige Starkäste
Alter:	ca. 600 Jahre

Am Waldweg mitten im Dickicht erhebt sich unvermittelt der imposante Stamm.

Ein Zeichen vollkommener Lebenskraft: Aus dem uralten Stamm treiben neue Zweige, auf der Suche nach Licht und Platz.

Ein Baum-Monument, wie es in dieser Mächtigkeit heute kaum noch vorkommt: die Schlosseiche zu Nagel.

Der Parkbesucher wird mit Tafeln über die Bäume und die Geschichte des Parkes ausführlich informiert und auf Wegen von einem Baumriesen zum nächsten geführt. Ein eindrückliches Erlebnis, das in dieser Art kein zweites Mal existiert.

Ivenacker Eichen, Deutschland

In diesem Tierpark, der 1788 gegründet wurde, stehen europaweit die meisten uralten Eichen. Ein schöner alter Baumbestand aus mächtigen Buchen begleitet und umrahmt die Eichen-Solitäre, die wie versteinerte Mahnmale in den Himmel ragen. Der großzügige Park wird stark besucht. Die Eichen werden regelmäßig beobachtet und gepflegt. Ungewöhnlich ist auch, dass die abgebrochenen Äste als Totholz zur Bodenanreicherung liegen bleiben und verrotten dürfen. Zwei der mächtigsten Stiel-Eichen haben um die neun Meter Umfang, die größte und bekannteste bringt es – je nach Messmethode – auf bis zu 12,40 Meter. Mit dem turmartigen hohen Stamm hat sie rund 140 Kubikmeter Festholz erschaffen und gehört damit zu den massereichsten Eichen weltweit.

Eiche bei Ivenack, Deutschland

Die größte und bekannteste Eiche des Ivenacker Tierparks ist dieser imposante Altbaum, der Rekordmaße besitzt. Einige Schätzungen geben ihm sogar mehr als 1000 Jahre, was durchaus möglich ist! Für diese Altersklasse und mit ihrem massiven Stamm ist sie eine einzige, einzigartige Ausnahme. Der Tierpark wird seit über 230 Jahren gepflegt und das Eichenensemble ist weltweit bekannt. Laut Messungen wächst dieser Baum jährlich kaum mehr als einen Zentimeter in die Breite. Ein weiterer Beweis für sein wahrlich biblisches Alter.

Standort:	Ivenack, Kreis Demmin, Mecklenburg-Vorpommern, Deutschland; am Ortsrand im Tierpark
Geodaten:	53°42‘59,1“ N + 12°57‘08,1“ O, 45 m
Stammumfang:	ca. 1150 cm, fester, massiger Stamm
Höhe, Krone:	ca. 35 m, schmale Krone mit abgebrochenen Starkästen
Alter:	ca. 900 Jahre

Ein eindrückliches Ereignis, dieser vollholzige Baumstamm mit fast vier Meter Durchmesser.

Starkäste hat diese Eiche erst weit oben für die Krone entwickelt. Möglicherweise stand sie in ihrer Jugend mit anderen Bäumen in Konkurrenz und wuchs rasch in die Höhe.

Die massereichste und wohl bekannteste Eiche Deutschlands lebt im Norden der Republik.

Eichen-Alleen bei der Sababurg, Deutschland

Der 130 Hektar große, bereits 1571 entstandene Tiergarten am Fuß des Jagdschlosses Sababurg wartet – neben vielen Tierarten und riesigen Freigehegen – mit einer unvergleichlichen Kostbarkeit auf. Hier stehen lange, kerngesunde Eichen-Alleen, die zum Teil bereits im 18. Jahrhundert angelegt wurden und den Besucher in ihren Bann ziehen. Wohl behütet und beschattet kann man durch kilometerlange Baumreihen lustwandeln. Es könnten sehr wohl einige Ableger der uralten Eichen des nahegelegenen Urwaldes Sababurg darunter sein. Siehe dazu Seite 334–339.

Standort:	Hofgeismar, Kreis Kassel, Hessen, Deutschland; Tierpark Sababurg
Geodaten:	51°32'16,0" N + 09°31'40,2" O, auf 320 m
Stammumfang:	ca. 400 – 500 cm
Höhe, Krone:	ca. 25 m
Alter:	ca. 200–250 Jahre

Es ist dem Naturverständnis der damaligen Schlossherren und späteren Parkverwaltungen zu verdanken, dass diese Eichen-Alleen gedeihen – seit Hunderten von Jahren.

Eichen ob Maienfeld, Schweiz

An diesem Berghang, der bis heute als Baum-Weidefläche genutzt wird, leben einige bemerkenswerte Eichen. Sie sind nicht greisenhaft, wohl aber von stattlichem Format: ein majestätischer und friedlicher Anblick. Obgleich einige von ihnen kränkeln, wirkt die Baumweide wohl behütet und gepflegt. In der Nähe befinden sich das kantonale Forstamt sowie eine der dicksten Buchen der Schweiz (Seite 52). Das vielbesuchte *Heidiland* ist nebenan und der Weg dorthin führt hier vorbei. Tausende Besucher wandern hier täglich. Ob sie denn diese fabelhaften Baumwesen auch bemerken?

Standort:	Maienfeld, Graubünden, Schweiz; Alpwiese oberhalb des Ortes, Nähe Forstschule
Geodaten:	47°01'09,3" N + 09°32'18,8" O, auf 680 m
Stammumfang:	bis zu 600 cm
Höhe, Krone:	ca. 18–20 m, verschiedene Durchmesser bis zu 20 m
Alter:	ca. 250–300 Jahre

Ein stattlicher Veteran mit enormem Wurzelfuß.

Eine Eiche im besten Alter, bereit für einen Schönheitspreis.

Die Bäume stehen in Verbindung miteinander, kommunizieren und reagieren aufeinander. Wie genau das geschieht, verschließt sich uns bislang und gibt noch viele Rätsel auf.

Eiche in Schliern, Schweiz

Ob die Bevölkerung der Umgebung weiß, welch schönes Naturdenkmal am Ortsrand lebt? Hier steht eine der stattlichsten, gleichmäßig gewachsenen Eichen, die ich kenne. Der Stamm mit über acht Meter Umfang ist schon enorm, aber eine Baumkrone, die rund 700 Quadratmeter Fläche abdeckt, ist außergewöhnlich. Dabei wirkt die Eiche gar nicht so groß, weil sie so perfekte Proportionen besitzt. Sie stockt an einem schrägen Abhang zum Riedweg hinauf. Der Stamm ist außerordentlich ebenmäßig geformt und zeigt gerade in den Himmel, begleitet von weiteren Starkästen, die sich nach oben wenden. Wenn man bedenkt, dass diese Eiche etwa 1750 ihr Leben begann, ist sie erstaunlich jugendlich und frisch: Sie befindet sich am Beginn ihres Erwachsenendaseins. Nun, viel größer wird sie wohl nicht werden, aber der Stamm hat noch unglaubliches Potenzial. Sie steht – gottlob – unter Naturschutz. Bäume wie dieser können in vielen Jahrhunderten zu jenen Greisen werden, die wir heute anderswo bestaunen. Der Baumschutz muss zeitig beginnen, wie uns dieses Beispiel eindrucksvoll beweist. Sie gehört zweifelsohne zu den größten Eichen Europas.

Standort:	Schliern, Kanton Bern, Schweiz; neben der Ortseinfahrt im Feld
Geodaten:	46°48'0,4" N + 07°25'02,4" O, auf 630 m
Stammumfang:	ca. 860 cm, massiv, erster Starkast ab ca 3 m
Höhe, Krone:	ca. 35 m, ca. 30 m Durchmesser
Alter:	ca. 250 Jahre; Referenz: Michel Brunner

Durch ihre perfekten Proportionen wirkt sie kompakt und nicht so riesig, wie sie tatsächlich ist.

Der jugendliche Stamm zeigt erst im Vergleich mit dem Rucksack seine enormen Ausmaße.

Ein »Bild« von einem Baum, und das im wahrsten Sinne des Wortes. Ungewöhnlich groß und regelmäßig und fast noch jugendlich wirkt er – und ist doch fast 300 Jahre alt.

Eiche bei Felsberg, Schweiz

Eine der ältesten Eichen der Schweiz lebt an einem sonnenseitigen Berghang auf einer Alpe in der Nähe der Stadt Chur. Hier, oberhalb von Felsberg, gedeihen im rauen Bergklima drei beeindruckende Eichen, wovon diese hier die massigste ist. Ihr Stamm ist übersät von vielen Zweigtrieblingen, so, als ob sie nicht mehr genug Kraft hätte, bis in ihre Kronenspitzen zu treiben. Eine eigenwillige, imponierende Gestalt.

Standort:	Felsberg bei Chur, Schweiz; auf der Alpe Laschein
Geodaten:	46°50‘36,0“ N + 09°27‘25,5“ O, auf 750 m
Stammumfang:	ca. 720 cm
Höhe, Krone:	ca. 12 m, ca. 9 m Kronendurchmesser
Alter:	ca. 600 Jahre; Referenz: Michel Brunner

Die gedrungene Form, der Stamm mit Ausbuchtungen und viele gebrochene Astenden deuten auf ein greises Alter und einen steten Kampf gegen die überaus harten Lebensbedingungen hin.

Eiche bei Felsberg

Im feuchten Torfboden hat die Eiche ein besonders beeindruckendes Wurzelwerk entwickelt, um sich gegen Starkwind gut halten zu können.

Eichen werden bis heute gerne an Wegrändern und an Wegkreuzungen gepflanzt.
Sie stehen dann viele Jahrhunderte als eine besondere Landmarkierung dort.

Eiche bei Bierbaum, Österreich

Sie ist als Naturdenkmal ausgewiesen und in der Gegend als tausendjährige *dicke Oachn* bekannt. Obwohl sie nicht wirklich so alt ist, wird sie mit möglichen 700 Jahren als älteste dokumentierte Eiche von Österreich gehandelt.

Am Jungwaldrand steht sie auf einer ebenen Fläche bei einem alten Gehöft. Früher war hier ein Versammlungs- und Tanzplatz. Sie besitzt einen massigen tonnenförmigen Stamm und eine weit ausladende Krone aus etlichen Starkästen. Vor über 40 Jahren hat ihr ein Blitzschlag sehr geschadet. Der damals halbhohle Stamm wurde mit Beton ausgegossen, was früher leider üblich war und meist zur Beschleunigung von Fäulnis und Pilzbefall führte.

Das wurde 1989 erkannt und korrigiert: Beton und faules Holz wurden entfernt. Seither erholt sich der betagte Baum wieder, treibt neue Zweige und verdichtet die Krone, obwohl der halbschattige Platz am Waldrand nicht ideal ist. Eichen brauchen viel Sonne, vor allem die am Morgen und Mittag. Gut wäre es, wenn der Waldrand etwas zurückgenommen würde. So könnte dieser Baumgreis noch weitere zwei bis drei Jahrhunderte weiterleben und vielleicht doch noch die magischen 1000 Jahre erreichen.

Standort:	Bierbaum, Bad Blumau, Steiermark, Österreich; am Weinbergweg neben der Landstraße
Geodaten:	47°06'28,2" N + 16°25'09,7" O, auf 330 m
Stammumfang:	ca. 880 cm, erster Starkast ab 2,50 m
Höhe, Krone:	ca. 20 m, 25 m Durchmesser
Alter:	ca. 600–700 Jahre

Der für diesen Baum typische Stamm hat auf etwa zwei Meter Höhe den größten Umfang.

Einige der Starkäste sind abgebrochen, deshalb wirkt der Wuchs der Krone etwas einseitig. Das kann der Baum für seinen Fortbestand gut ausgleichen.

Dieser schöne Platz erlaubt einen weiten Blick in die ländliche Umgebung. So ist auch die Eiche von weither sichtbar und markiert den Wanderweg und den Hof.

Esche

(Fraxinus)

Zu den mächtigsten heimischen Bäumen zählt die Esche. Ihr Lebensraum reicht von den Ebenen bis in eine Meereshöhe von etwa 1300 Metern. Sie erreicht bis zu 45 Meter Höhe. Ihr Höchstalter allerdings ist mit maximal 400 Jahren im Vergleich zu anderen Arten eher bescheiden.

Häufig findet man sie im Verbund mit Erlen oder Eichen an Flussufern oder am Waldrand, nicht selten auch als Solitär. Im Frühjahr treibt die Esche ihre gefiederten Blätter als letzter Baum aus und im Herbst verliert sie diese als erster. Trotzdem ist sie, was die Wachstumsgeschwindigkeit anbelangt, ein Turbobaum – bis zu drei Meter kann sie innerhalb eines Jahres in die Höhe wachsen. Dementsprechend verträgt sie einen Rückschnitt oder naturgegebene Beeinträchtigungen recht gut und reagiert darauf mit kräftigem Wachstum. Im Frühling erkennt man sie mit ihren großen, fast schwarzen Knospen an den Zweigen sehr gut.

Ihr Holz ist hart, zäh und biegsam. In früherer Zeit wurden daraus Speere und Lanzen geschnitten. Die Strapazierfähigkeit des Eschenholzes wird auch im Möbelbau sehr geschätzt. Ihr Laub gilt als schmack- und nahrhaft und zählt bei blattfressenden Wild- und Haustieren zur bevorzugten Kost auf dem Speisezettel. Einige Fachleute stehen im Widerstreit, ob bei den Kelten die Esche oder doch eher die immergrüne Eibe jener sagenhafte Weltenbaum *Yggdrasil* gewesen sei.

105

Beschirmt von der mächtigen Krone, verweile ich am bemoosten Stamm. Meinen Gedanken wachsen Flügel – und Leichtigkeit lässt mich schweben.

Esche bei Egg, Österreich

In der hügelig-bergigen Landschaft des Bregenzer Waldes gedeihen einige großartige Bäume. Auf den Alpen die uralten Berg-Ahorne (Seite 24–31), im Tal diese schöne und mächtige Esche. Sie gehört zu den größten Bäumen des Landes und das von den meisten unbemerkt. Mit imposantem Wuchs und riesiger Krone, kerngesund und in der Blüte ihres Lebens fußt sie auf einem massiven Stamm. Sie steht als Solitär auf einer Anhöhe hinter einem Gehöft.

Standort:	Egg-Großdorf, Bregenzer Wald, Vorarlberg, Österreich; bei Ittensberg in der Nähe eines Bauernhofes
Geodaten:	47°25'43,2" N + 09°56'20,9" O, auf 810 m
Stammumfang:	ca. 700 cm
Höhe, Krone:	ca. 35 m, 33 m Durchmesser
Alter:	ca. 300 Jahre

107

Esche in Boll, Deutschland

Kurz vor dem Dorf begegnen wir diesem ausladenden Baum, der schon weithin sichtbar ist. Es ist eine riesige Esche mit dicken, weit auskragenden Starkästen. Etwa die Hälfte der Krone scheint krank zu sein. Eschen werden üblicherweise nicht sehr alt, denn ihr schnelles Wachstum fordert Opfer. Sie hat viel Platz um sich, den sie offenbar gerne nutzt. Es scheint, als ob sie ihre besten Lebensjahre bereits erreicht hat. Mit etwas Glück wird sie noch einige Jahrzehnte weiterleben und an Stammstärke zulegen können.

Standort:	Boll bei Sigmaringen, Baden-Württemberg, Deutschland; am Dorfrand
Geodaten:	47°56'48,6" N + 09°01'36,3" O, auf 650 m
Stammumfang:	ca. 720 cm
Höhe, Krone:	ca. 25 m, 27 m Durchmesser
Alter:	ca. 300 Jahre
	Referenz: Ullrich, Kühn (Deutsches Baumarchiv)

Esche in Stuttgart, Deutschland

Auf einer Anhöhe über der Stadt thront das Schloss Solitude (erbaut um 1768) mit Blick auf ausgedehnte Wälder und Tierparks. Hier oben lebt diese auffallende Baumgestalt und bietet den Parkbesuchern ihren Schatten an. Diese Esche hat eine rekordverdächtig ausladende Krone mit Starkästen von über 20 Metern Länge. Sie hat natürliche, ideale Bedingungen an diesem Standort und dürfte in den letzten Jahrzehnten entsprechend enorm gewachsen sein. Ihr gesunder vollholziger Stamm breitet sich am Boden mit seinen Wurzelansätzen weit aus und lädt zum Sitzen und Klettern ein. Wahrscheinlich wurden die wenigen heute vorhandenen Altbäume, eine Allee und eben diese Esche um das Entstehungsjahr des Schlosses gepflanzt. Bei ihren Maßen scheint das auch zuzutreffen.

Standort:	Stuttgart, Baden-Württemberg, Deutschland; beim Schloss Solitude über der Stadt
Geodaten:	50°32‘20,0“ N + 08°02‘39,7“ O, auf 245 m
Stammumfang:	ca. 660 cm, gesunder Stamm, ca. 12 m Wurzelumfang
Höhe, Krone:	ca. 30 m, 33 m weite Krone
Alter:	ca. 250 Jahre

108

109

Blick zum Schloss Solitude. Nur einige wenige ältere Bäume stehen am Parkhügel. Eine der auffallendsten Gestalten ist diese enorme Esche.

Eine beeindruckende Baumform mit weitausladender Krone und lockerem, lichtem Wuchs. Die Esche zeigt hier das Idealbild ihrer Art.

Esche in Peist, Schweiz

In diesem schönen Gebirgstal, das bis zum bekannten Ort Arosa führt, lebt die mächtigste Esche der Schweiz und auch Mitteleuropas. Obwohl sie neben dem kleinen Bahnhof steht, ist sie in der Fachliteratur kaum bekannt. Ihr überbreiter Stamm steht wie ein Turm aus Holz und Rinde. Im Juni war ich bei ihr. Es war zuvor so kalt in dieser Höhe, dass die ohnehin spät austreibende Esche noch kaum Blätter hatte. Das bedeutet aber auch, dass die an sich schnellwachsende Art hier pro Jahr eine Wachstumszeit von etwa drei Monaten hat, und erklärt auch ihr ungewöhnlich hohes Alter. Im Tal und in milderen Gegenden können Eschen rascher wachsen und an Umfang zulegen. Das bezahlen sie oft mit Starkastbrüchen und Kronenverlusten. So auch dieser Baum, der nicht sonderlich hoch ist und sichtbar unter hohen Schneelasten leidet. Es ist eine ganz besondere Seltenheit, so einen starken und alten Eschenbaum besuchen und bewundern zu können.

Standort:	Peist (vor Arosa), Graubünden, Schweiz; im steilen Bergdorf beim Bahnhof der Rätischen Bahn
Geodaten:	46°49'46,7" N + 09°40'17,3" O, auf 1250 m
Stammumfang:	ca. 1070 cm, mehrschaftig
Höhe, Krone:	ca. 12 m, geringe Krone
Alter:	ca. 350–400 Jahre; Referenz: Michel Brunner

Im Bergtal um die Esche herum stocken Lärchen. Es gibt weite Fichten-Mischwälder und Zirben.

Brennnesseln, Bahnabfall und Totholz umrahmen den wuchtigen Stamm. Die Esche kommt offenbar ohne Pflege durch und führt ein kaum beachtetes Dasein.

Die Peister Esche gilt als eine der dicksten Eschen in Europa und das auf dieser Höhenlage. Eine Meisterleistung dieser zähen Pflanze.

Esche in Appenzell, Schweiz

Das Appenzell ist eine ländliche Hochebene in der Ostschweiz. Viele Bauernhöfe werden von schönen Linden geschmückt. Diese Esche ist wohl einer der jüngsten Bäume in diesem Buch, zeigt aber in ihrer vitalen Pracht, wie sich aus ihr ein riesiger Altbaum entwickeln könnte. Ihre Lage am Bach mit Blick auf die Stadt ist einzigartig. Eine Bank lädt zum Verweilen ein. Es ist zu hoffen, dass sie noch wenigstens doppelt so alt werden darf – und dabei mit Sicherheit eine beeindruckende Größe mit breitem Stamm entwickeln kann.

Standort:	Appenzell im Kanton Appenzell, Schweiz; am Ortsrand, Mettlenweg an der Sitter
Geodaten:	47°20'10,0" N + 09°24'30,9" O, auf 770 m
Stammumfang:	ca. 420 cm
Höhe, Krone:	ca. 25 m hoch, 25 m Durchmesser
Alter:	ca. 150 Jahre

114

Eschen im Appenzell, Schweiz

Erst auf den zweiten Blick erkennbar: Diese Eschen konnten dem starken Viehverbiss standhalten und entwickelten so ihre gedrungene und ungewöhnliche Form. Die Kühe reiben sich an ihren Stämmen und der Boden unter ihnen wird zertrampelt und weggespült. Beide Bäume dürften an die 200 Jahre alt sein, konnten aber auf über 1000 Höhenmeter kaum einen Meter Stammdurchmesser entwickeln. Trotzdem zeigen sie einen unbeirrbaren Lebenswillen.

Fichte

Rottanne (*Picea*)

Unbestritten ist sie der am meisten verbreitete Baum. Das liegt einerseits an ihrer anspruchslosen, schnellwüchsigen Art und andererseits an ihrer Verträglichkeit, im Verband mit anderen Baumarten bestens zu gedeihen. Fichtenwald findet man von der Ebene bis zu einer Meereshöhe von 1800 Meter. Darüber bildet sie nur noch lichte Waldverbünde und kann bis ca. 2000 Meter überleben. Die Fichte wächst bis zur natürlichen Waldgrenze, mancherorts auch darüber: bis auf 1900 Meter Seehöhe, dort aber dann nur mehr in lichten Gesellschaften.

Ihr Holz ist sehr vielseitig verwendbar und wächst rasch nach. Deshalb wurde die Fichte zum »Brotbaum« vieler Völker. Fichten- und Kiefernforste sind einfach zu bewirtschaften und ertragreich zu verwerten. Als Flachwurzler sind sie aber durch Starkwinde gefährdet. Ihre Rolle im Wasserhaushalt ist eher bescheiden und bei der Bildung von Waldboden tragen sie mit sauren Böden nicht zur Artenvielfalt bei. Bevorzugt wachsen auf diesen Böden erneut Fichten.

Im Gegensatz zur Weiß-Tanne (*Abies*) ist die Rottanne durch eine rötliche Verfärbung ihrer Rinde gekennzeichnet. Durchschnittlich erreicht sie eine Wuchshöhe von 45, manchmal sogar von 55 Metern. In schwer zugänglichen Lagen und als so genannte Kandelaberfichten (durch Wildverbiss oder andere Umwelteinflüsse bilden diese die Form eines mehrarmigen Leuchters) erreichen einzelne Exemplare das stattliche Alter von 500 Jahren. Als Wirtschaftsbaum ist ein solches Alter allerdings ein seltenes Privileg. Mit ihrem dichten Nadelkleid, das sie alle zwei bis drei Jahre wechselt, bietet die Fichte den Bewohnern des Waldes Schutz bei Unwettern und eine trockene Bleibe bei hohen Schneelagen.

Die bizarre Schönheit und der heilsam betörende Duft ziehen mich magisch an.

Fichte in Arriach, Österreich

Sie ist ein wirklich beeindruckender Baum, diese freistehende Kandelaberfichte. Durch ihren besonderen Wuchs, der wahrscheinlich durch Viehverbiss entstanden ist und damit die Fichte gezwungen hat, mehrere Starkäste als Stammersatz in die Höhe zu treiben, sind sieben mächtige Stammschäfte entstanden. Damit sie sie überhaupt statisch tragen kann, hat sie sich einen besonders starken Stamm mit Beulen, Windungen und knorrigem Aussehen geschaffen. Dadurch wurde sie für die Holznutzung wertlos und ist wahrscheinlich deshalb verschont geblieben. Mit ihrem Stamm ist sie die dickste Fichte Österreichs, möglicherweise auch die älteste. Nur Kandelaberfichten können derart massig werden. Die Berghänge zum Naturpark der Nockberge wurden seit jeher als Almweiden genutzt. Unsere Fichte ist als Naturdenkmal ausgewiesen und auf dem Hofwanderweg besonders gekennzeichnet. Sie ist eine viel besuchte Sehenswürdigkeit. Deshalb wurde in ihrer Nähe ein Grillplatz mit Bänken eingerichtet. Die Bevölkerung der Umgebung kennt und schätzt dieses Baumwesen sehr.

Standort:	Arriach, Laastadt in Kärnten, Österreich; am Hofwanderweg
Geodaten:	46°44'54,7" N + 13°50'56,1" O, auf 1100 m
Stammumfang:	ca. 800 cm, sehr beuliger Stammfuß
Höhe, Krone:	ca. 35 m
Alter:	ca. 500 Jahre

Gleich einem seine kraftvollen Arme ausbreitenden Riesen bietet sie jedem Wanderer Schutz und Geborgenheit. Sie wird auch viel beklettert, was ihr offenbar nicht schadet.

Ein kleines Bächlein fließt an der Fichte vorbei. Es gibt einen Grillplatz, Bänke und eine Brücke, die zur Fichte führt.

Ein einzigartiges Stamm-Bauwerk. Durch den Hohlraum rechts kann ein zehnjähriges Kind schlüpfen. Der Starkast darüber hat einen Umfang von rund 300 Zentimetern.

Fichte bei Laterns, Österreich

Dieser massige Stamm gehört zu einer Bergfichte, die am Waldrand steht und sich gegen Schneemassen und Windböen fest verankert hat. Sie zeigt einen dichten, starkbeasteten Wuchs und scheint in der Blüte ihres Lebens zu stehen. In den angrenzenden Wäldern gibt es zahlreiche Fichten und auch Tannen, die zwischen 200 und 300 Jahre alt sind (Seite 350). Sie werden offenbar geschont und bieten umso mehr dem hier lebenden Rotwild eine ideale Heimat.

Standort:	Laternsertal, Laterns, Vorarlberg, Österreich; bei Bad Laterns, Richtung Untere Saluveralpe
Geodaten:	47°17‘01,8“ N + 09°46‘23“ O, auf 1540 m
Stammumfang:	ca. 450 cm
Höhe, Krone:	ca. 15 m
Alter:	ca. 200 Jahre

120

Fichte bei Bayrischzell, Deutschland

Von dieser stattlichen Fichte wurde mir vor meinem Besuch bei ihr bereits einiges erzählt. In ihrer Nähe würden auch noch weitere Kandelaberfichten (mehrarmig) leben. Nach einem knackigen Fußmarsch, begleitet vom Holzfällerlärm, habe ich sie gefunden. Sie wurde verschont, aber alle anderen und der gesamte Fichtenwald waren bereits kahl geschlagen. Es waren zahlreiche Kandelaberfichten darunter, deren Holzwert unbedeutend ist. Es ist unverständlich, dass so etwas geschieht – und es wird Jahrzehnte brauchen, bis diese Wunden halbwegs verheilt sind.

Standort:	Bayrischzell, Bayern, Deutschland; am Sudelfeldpass hinauf zur Lacher Alm
Geodaten:	47°39'41,1" N + 12°05'12,3" O, auf 1030 m
Stammumfang:	ca. 500 cm, 5 Kandelaber-Stammschäfte
Höhe, Krone:	ca. 15 m hoch
Alter:	ca. 280 Jahre, Referenz: Ullrich, Kühn (Deutsches Baumarchiv)

Jahreszeiten

Geformt von Wind, gedrückt vom Schnee, in einer sehr exponierten Lage stehend, lebt diese Fichte seit mehr als 150 Jahren und hat dabei ihre außergewöhnliche Wuchsform ausgebildet.

Sie lebt bei Schönebach im Bregenzer Wald, Vorarlberg, Österreich, auf rund 1000 Meter Höhe.

Kiefer

Föhre *(Pinus)*

Bis hoch in das Gebirge und weit ins Flachland hat sie sich verbreitet. Kaum ein anderer Baum ist so genügsam und anspruchslos wie sie. An trockenen, mit wenig Humus versehenen Südhängen findet sie noch genügend Nährstoffe und Feuchtigkeit, um erfolgreich zu überleben. Es gibt einige recht unterschiedliche Arten. Gekennzeichnet sind sie durch die langen, paarweise stehenden Nadeln und eine grobstrukturierte Rinde.

Im Waldverbund erreichen ihre astlosen Stämme Höhen von 45 Meter. Erstaunlich ist ihr Wurzelwerk, das bis zu fünf Meter in die Tiefe reichen und eine Ausdehnung von 15 Metern (Radius) bilden kann. Damit ist sie in fast allen Geländeformen äußerst standsicher. Ähnlich wie die Fichten sind die Kiefern in geringen Höhenlagen sehr wuchsfreudig. Kiefernforste konkurrieren dabei in der Wirtschaftlichkeit mit den Fichtenforsten. Neben dem Holz ist auch das Harz – früher wurde es in der Lackherstellung verwendet – beliebt. Bis zu vier Kilogramm wurden aus einem Stamm gewonnen. Heute schätzt man die ätherischen Öle der Kiefer besonders in der Kosmetik.

Standort:	Eschen, Fürstentum Liechtenstein; im Rheintal-Ried, am Schwarz-Weg
Geodaten:	47°11'43,1" N + 09°31'20,3" O, auf 440 m
Stammumfang:	ca. 400 cm, Stammsockel teilt sich in 4 Stammschäfte
Höhe, Krone:	ca. 18 m, 20 m Durchmesser
Alter:	ca. 250 Jahre

Ankommen – bei Dir selbst –,
Wurzeln schlagen, Verbundenheit fühlen mit dem
Urgrund der lichterfüllten Kraft in Dir.

Lärche

Larix)

n den typischen alpinen Sonnenlagen fühlt sich die Lärche am wohlsten. Sie gedeiht auch auf sehr trockenen, humusarmen Hängen, und das bis in eine Meereshöhe von 2200 Metern. Als einziger Nadelbaum verliert die Lärche im Spätherbst ihre Nadeln. Damit bietet sie dem Schnee weniger Auflagefläche und ist gegen Schneedruck bestens gerüstet. Als Tiefwurzlerin mit sehr elastischem Stamm verfügt sie über ein außerordentliches Standvermögen, das ihr sogar bei Lawinenabgängen und Sturm Überlebenschancen bietet.

Lärchen bilden lichte Waldverbünde, die im Herbst im schweizerischen Engadin oder in Südtirol mit ihrer goldgelben Farbenpracht einzigartige Seherlebnisse versprechen. In ihrer lichten Formation assen sie auch Sonnenlicht auf den weichen nadelbestreuten Waldboden fallen, wo sich Gras und Kräuter entwickeln können. Meist bilden sie Waldgemeinschaften mit anderen Nadelbäumen wie Tannen, Fichten und Zirben.

In den ersten 30 Lebensjahren wächst die Lärche rasant, die folgenden Jahre dann nur noch langsam. In guten Lagen erreicht sie eine Höhe von bis zu 50 Metern und bedeutende Umfänge. Gesicherte dendrochronologische Untersuchungen ergaben bei Lärchen m Alpenraum ein hohes Alter von bis zu achthundert Jahren. Damit zählen sie in unseren Breiten zu den Bäumen mit der höchsten Lebenserwartung. Über die Ausdehnung der Jahresringe, manchmal unter einem Millimeter, weiß man auch, dass die Umfangszunahme m Alter nur noch sehr bescheiden ist.

Ihre Starkäste treibt sie häufig talwärts aus, um von oben kommenden Steinschlägen oder Lawinen möglichst wenig Angriffsfläche zu bieten. Ältere Lärchen rüsten sich mit einer fast 30 Zentimeter starken Borke. Diese schützt sie im Hochgebirge vor widrigen Wetterbedingungen und selbst vor Steinschlag. Ihre Rinde ist dabei tief gefurcht und gespalten. Die zumeist breite Basis des Stamms erinnert zu Recht an das Bild eines Mammutbaums.

Das Holz der Lärche ist das härteste aller Nadelbäume und wegen seines hohen Harzanteiles sehr witterungsbeständig. Deshalb ist Lärchenholz von jeher ein bevorzugtes Baumaterial im Außenbereich. n Form von Schindeln, Brettern und Latten sieht man es an traditionellen Bauten. Doch auch in der modernen Holzbauarchitektur findet es Verwendung.

125

Ein Spaziergang im Lärchenwald – weicher Boden unter den Füßen, unser Herz tanzt im Rhythmus des sanften Windes. Wir atmen ein, sind frei, bewahren die Kraft dieses magischen Augenblicks.

Lärche im Ultental, Italien

Bei Meran in Südtirol (Oberitalien) beginnt ein langes, in südliche Richtung weisendes Bergtal. Am Ende dieses Ultentals, bei St. Gertraud, stehen die wohl berühmtesten Lärchen des Alpenraums. Sie hatten die Bauernhöfe gegen Lawinen und Muren im Steilhang zu schützen und durften – mussten – dafür erhalten werden. Es waren ursprünglich weit mehr, sie sind in den letzten Jahrzehnten abgestorben oder gefällt worden. Eine ähnlich dicke Lärche wie diese zeigte dabei mehr als 1200 Jahresringe. Die dadurch berechtigte Altersschätzung dieses Baumes dürfte um oder über 1000 Jahre liegen. Ihr mächtiger Stamm ragt wie ein mahnender Finger in den Himmel. Sie hat eine riesige Ausbuchtung auf etwa drei Metern, die möglicherweise von einer Verletzung durch Steinschlag stammt. Die meisten Starkäste zeigen bergwärts, was unüblich ist. Ihre Schwestern sind ihr sonnseitig wohl zu nahe gestanden, deshalb hat sie talwärts nicht ausgetrieben. Die Lärchen werden jedes Jahr von tausenden Besuchern und Wanderern besichtigt. Das Erdreich ist dadurch viel zu stark verdichtet. Darunter leiden die Bäume sichtbar.

Standort:	St. Gertraud im Ultental, Südtirol, Italien; am Talende, links vor dem Bergdorf, gut ausgeschildert
Geodaten:	46°29'30,4" N + 10°53'32,4" O, auf 1450 m
Stammumfang:	ca. 960 cm, Äste ca. ab 5 m
Höhe, Krone:	ca. 30 m
Alter:	ca. 1000 Jahre

Über zwei Meter groß: das beeindruckendste »Hinterteil« der Alpen.

Breite Stammbasis und Wurzelstränge, die sich viele Meter weit verzweigen.

Diese Lärchen hatten eine überlebenswichtige Schutzfunktion für die darunter liegenden Höfe und Stallungen der Bauern. Der Bannwald wurde deshalb besonders behutsam behandelt.

Lärchen im Ultental, Italien

Ein Überlebenskünstler: Obwohl ihr Stamm völlig hohl ist, hat dieser Baum am Stammende einen neuen Schaft getrieben, der seit Jahren wächst, sodass eine neue Baumform entsteht.

Der massive, urige Altstamm dieser Lärche wurde mehrfach mit Steinen gestützt.

Eine der noch drei lebenden Altlärchen. Der mächtige Stamm ragt über 35 Meter hoch auf.

128

Lärche im Paradies, Zedlach, Österreich

An den steilen Hängen in diesem lichten Bergwald, der noch immer als Viehweidewald genutzt wird, leben zahlreiche uralte Lärchen. Diese hier hat den mächtigsten Stamm und wird *Baum der Mitte* genannt. Im »Paradies« ist scheinbar die Zeit stehen geblieben und man sollte sich auch Zeit nehmen, dies zu erleben. Kaum eine andere Waldgegend strömt eine solche Erhabenheit und Ruhe aus. Lärchenharzduft, der Blick auf schneebedeckte Berge und das Auftauchen immer weiterer greisenhafter Baumgestalten (Seite 372).

Standort:	Zedlach bei Matrei, Virgental, Osttirol, Österreich; hoch über der Talsohle, »Paradies« ausgeschildert
Geodaten:	47°00'15,0" N + 12°30'01,3" O, auf 1500 m
Stammumfang:	ca. 730 cm
Höhe, Krone:	ca. 15 m
Alter:	ca. 700 Jahre

130

Lärche im Pöllatal, Österreich

Ganz im Norden von Kärnten, an der Grenze zu Salzburg und kurz vor den Hohen Tauern, zeigt sich dieses Almtal in seiner schönsten Pracht. Direkt neben dem Wanderweg und dicht an einer bewirteten Alpe stehen einzelne Altlärchen in der Bergwiese. Der Stamm dieses Baumes teilt sich am Boden und es öffnet sich eine durchgehende Höhle. Ein abgebrochener Starkast schaut talwärts, sein Umfang ist enorm. Den Lärchen geht es gut, sie können noch wesentlich älter werden.

Standort:	Pöllatal bei Rennweg, Kärnten, Österreich; nahe der Grenze zu Salzburg, Alpweide
Geodaten:	47°02'14,5" N + 13°33'34,7" O, auf 1300 m
Stammumfang:	ca. 570 cm, hohler Fuß
Höhe, Krone:	ca. 20 m hoch, gebrochener Starkast auf 4 m
Alter:	ca. 350 Jahre

Lärche am Stallerpass (Österreich – Italien)

Am Weg von Osttirol nach Südtirol, über das urige Defreggental, weitet sich eine märchenhafte Kulisse aus. Über die Schutthalden der Berghänge ziehen sich Teppiche von Wacholder und Alpenrosen, darauf stockt ein lichter Hochgebirgswald aus Zirben und Lärchen. Die einsame Lärche lebt im rauen Klima. In dieser Höhenlage entwickelt der Baum Jahresringe von einem Millimeter, manchmal sogar weniger. Das hält andere Lärchen nicht ab, sogar noch weiter nach oben zu »wandern«.

Standort:	Defreggental, Osttirol, Österreich; am Weg zum Stallerpass (nach Südtirol, Antholzertal)
Geodaten:	46°53'47,2" N + 12°13'0,37" O, auf 2000 m
Stammumfang:	ca. 330 cm
Höhe, Krone:	ca. 8 m hoch
Alter:	ca. 300 Jahre

131

132

Fast wollte man sie um ihren idyllischen Standort beneiden. Doch ist er alles andere als ideal für Lärchen. Die Bäume bräuchten mehr Sonne und weniger Feuchtigkeit. So wachsen sie extrem langsam, behaupten sich gegen alle Widrigkeiten und vermehren sich – sichtbar – intensiv und weitreichend.

Weit verstreut über die Berghänge finden sich hier imposante Altlärchen. Dieser Baum misst im Umfang über sieben Meter. Er ist wohl rund 500 Jahre alt. In manchen Jahren nimmt hier oben der Umfang nur um Millimeter zu. Das Holz zählt damit zu den härtesten und zähesten überhaupt.

Lärchen bei Prarion-Balavaux, Schweiz

Dieser hochgelegene weite Lärchenbestand ist europaweit einzigartig. Es gibt keinen anderen Ort, an dem so viele und gesunde uralte Lärchen versammelt sind. Sie leben im Foret Balavaux bei Prarion, hoch über dem Rhone-Tal im sonnigen Kanton Wallis. Hier oben auf über 2000 Metern finden sie ideale Lebensbedingungen. Es gibt weit mehr als 100 Sonnentage und trockene Südwestlagen mit atemberaubendem Blick auf den Mont Blanc und andere Viertausender. Nach wie vor werden die Waldweiden von Kühen genutzt und die Lärchen wachsen bis auf 2200 Meter. Insgesamt leben hier zirka 250 Bäume, die zwischen 300 und 900 Jahre alt sind. Ihre Stämme sind mächtig und haben tiefgefurchte Rinden, einige von ihnen weisen Rekordmaße auf. Nachfolgend einige der auffallendsten Bäume.
Referenz: Michel Brunner

134

135

Lärche von Balavaux, Schweiz

Sie ist wohl die älteste aller Lärchen vor Ort. Mit großer Wahrscheinlichkeit liegt ihr Alter über 800 Jahre. Wenn man vor dem unglaublichen Stamm steht, kann man ihre Kraft und Vitalität erahnen. Der Sockel ragt weit heraus, die riesigen Wurzeln graben sich fest in das Erdreich des schrägen Hanges. Ich habe kaum einen anderen Baum in diesem Alter erlebt, der so jugendlich wirkt. Bis hoch in die Kronenspitze treibt der greise Baum noch frische Zweige aus – ein überwältigendes Bild von fast unsterblicher Lebendigkeit. Die Lärche steht alleine auf der Weide. Die nächsten Schwestern leben weit verstreut oft hunderte von Metern auseinander, als hielten sie voneinder einen respektvollen Abstand, um besser wirken zu können. Obwohl der Baumbestand als touristisches Ziel überall beworben wird, ist das Gebiet nicht besonders geschützt worden. Es ist ein weiter Weg hier herauf und der Ort wird eher im Winter als Skigebiet genutzt. Der Schutz des gesamten Waldes wäre allerdings ein dringendes und lohnendes Vorhaben.

Standort:	Prarion über L'Iserables, ob Riddes, Wallis, Schweiz; nach L'Iserables hinauf zur Alpe Foret Balavaux
Geodaten:	46°09'15,6" N + 07°16'37,4" O, 2000 m
Stammumfang:	ca. 1050 cm, fester, massiger Stamm, 1300 cm Sockel
Höhe, Krone:	ca. 30 m
Alter:	ca. 800–900 Jahre

Der lockere Waldverbund reicht über einige Quadratkilometer und etwa 500 Höhenmeter.

Ein riesiger Stammfuß ankert im schrägen Berghang. Der Rucksack zeigt die riesigen Ausmaße von etwa fünf Metern Sockelbreite am Boden.

Dieser Baum lebt auf 2000 Metern, der Lärchenwald im Hintergrund steigt sogar auf beinahe 2200 Meter an. Das Klima dieser Region ermöglicht den Höhenrekord der Lächenwaldgrenze in Europa.

Lärche von Balavaux, Schweiz

Dieser Baum, der nahe einer bewirtschafteten Alpe lebt, fällt durch seinen Wuchs mit zwei schrägen Stammschäften und durch rekordverdächtige Stammausmaße auf. Die Lärchen auf dieser Meereshöhe entwickeln keine nennenswerten Höhen, da die Winter lang und hart sind und der Schutz vor Schneelasten und Lawinen die Bäume zwingt, kurz und gedrungen zu bleiben. Auch hier ist gut zu erkennen, dass die meisten Starkäste von Lärchen talseitig treiben, um sie und sich vor Lawinen zu schützen. Dadurch entsteht eine scheinbar unmögliche Statik, da das meiste Gewicht des Baumes über seiner Mittelachse nach unten lehnt. Diese Lärche steht direkt neben dem Alpweg und wird wohl die bekannteste und meist abgelichtete ihrer Schwestern sein. Sie gehört zweifelslos zu den ältesten, wobei ihr Stammumfang von einigen anderen Individuen noch übertroffen wird.

Standort:	Prarion über L'Iserables, ob Riddes, Wallis, Schweiz; nach L'Iserables hinauf zur Alpe Foret Balavaux
Geodaten:	46°09'19,1" N + 07°16'40,7" O, 2050 m
Stammumfang:	ca. 900 cm, ein Stamm, der sich nach 2 m teilt
Höhe, Krone:	ca. 10 m
Alter:	ca. 700 Jahre

Ein wirres Ducheinander von harzigen, steinharten Ästen und einem Stamm mit dicker, weicher, korkähnlicher Borke.

Ein sehr markanter Baum mit unglaublicher Schräglage.

Die weiche und bastartige Rinde der Lärche kann bis zu 30 Zentimeter dick werden und schützt so den Baum wirkungsvoll gegen Kälte, Nässe, Steinschlag und Muren. Ein genialer Schutz.

Ein weiterer Baumriese aus dem Foret Balavaux. Diese Lärche misst beinahe acht Meter Stammumfang. Mit diesen Ausmaßen dürfte sie rund 700 Jahre alt sein.

141

Aus der mächtigen Form des Stammes ist abzulesen, mit welcher Kraft sich dieser Baum seinen Platz erkämpfen musste. Der größere der beiden Bäume hat einen Stammumfang von 860 Zentimetern und ist über 600 Jahre alt.

Lärche bei Pontresina, Schweiz

Die Berghänge um St. Moritz sind entweder reine Lärchenwälder, die vor allem im Herbst mit ihrer unvergleichlichen Schönheit aufwarten, oder Zirben-Mischwälder. Im Tal Richtung Bernina oder im berühmten Rosegtal leben einige Altlärchen, die stattliche Ausmaße erreichen. Man versteht es hier, behutsam mit den Baumgreisen umzugehen. Dieser Baum am Waldrand über einer Weide ist mir mit seiner markanten Stammverzweigung besonders aufgefallen.

Standort:	Zwischen Pontresina und Samedan, Engadin, Schweiz; Murottas Muragl, bergwärts
Geodaten:	46°30'44,0" N + 09°53'28,4" O, auf 1900 m
Stammumfang:	ca. 550 cm
Höhe, Krone:	ca. 22 m, 12 m Durchmesser
Alter:	ca. 250–300 Jahre

142

Lärche am Lukmanierpass, Schweiz

Auf dem Weg von Disentis ins Tessin, der unter anderem durch geschützte Landschaften führt, erhebt sich direkt neben der Passstrasse dieser eindrückliche Baumveteran. Man sieht ihm an, wie er gegen eiskalte Winde und hohe Schneelasten kämpfen muss und er hat schon viele Jahre erlebt, in welchen er nur wenige Millimeter oder gar nicht wachsen konnte. Der Stamm ist zum Teil ausgehöhlt, was vielleicht durch einen Blitzschlag bedingt ist. Die Lärche kämpft trotzdem weiter und zeigt im Herbst ihre goldene Nadelpracht.

Standort:	Lukmanierpass nach Tessin, Schweiz
Geodaten:	46°32'12,0" N + 08°50'10,3" O, auf 1770 m
Stammumfang:	ca. 550 cm
Höhe, Krone:	ca. 8 m hoch, einseitige Krone mit ca. 6 m
Alter:	ca. 400 Jahre

Linde

(Tilia)

Vor etwa viertausend Jahren bildete die Linde mit Buchen und Eichen das am meisten verbreitete Laubgehölz. Heute finden sich Reste von Lindenwäldern nur noch in ehemaligen militärischen Sperrgebieten und einzelnen Landstrichen in Osteuropa. Bis eintausend Meter Seehöhe fühlt sie sich am wohlsten, darüber kommt sie selten vor. In Mitteleuropa sind die Sommer- und Winter-Linden in geografisch unterschiedlichen Verbreitungsgebieten beheimatet. Sie sind sehr schwierig zu unterscheiden, am ehesten noch anhand ihrer unterschiedlichen Blattgrößen und der Weichheit ihrer »Früchte«.

Keine andere Baumart entwickelt so unterschiedliche und abenteuerliche Stammformen – sofern die Bäume ein höheres Alter erreichen. Ihre Fähigkeit, Aushöhlungen zuzulassen, welche sich innen mit Rinde überwallen und als Kanäle für Adventivwurzeln dienen, die den Stamm und die Starkäste zusätzlich neu im Boden verankern, ist einzigartig. Linden vertragen einen Rückschnitt gut und treiben selbst im hohen Alter neue Astgruppen aus. Auf diese Art verjüngt sich die Linde selbst und kann ein erstaunliches Alter erreichen, auch wenn außer dem Wurzelstock nur noch Teile des ursprünglichen Baumes bestehen.

An einem idealen Standplatz kann eine Linde in den ersten vierhundert Jahren jährlich um fünf Zentimeter an Umfang gewinnen, stellt ihr Dickenwachstum dann allerdings nahezu ein. Dabei kann sie enorme Maße erreichen. Stammumfänge von bis zu zwölf Metern sind keine Seltenheit. Mit 19 Metern Stammumfang hält eine Linde im deutschen Heede (Seite 186) den europäischen Rekord. Ihr Alter wird auf achthundert Jahre datiert. Die *Hindenburglinde* in Ramsau (Seite 180) beeindruckte noch vor wenigen Jahren mit einem Kronenumfang von einhundertzwanzig Metern. Der mächtigste Ast verfügte über eine Länge von 24 Metern und hatte an der Basis einen Durchmesser von eineinhalb Metern.

Die Linde ist ein alter Kulturbaum und findet sich in Alleen, in Gastgärten, vor Kirchen und auf vielen Dorfplätzen. Unter ihr wurde Gericht gehalten, getanzt und gefeiert. Ein schönes Beispiel sind die Tanzlinden, deren Starkäste man durch besoderen Schnitt auf gleicher Ebene heranzog, um auf ihnen einen Tanzboden in luftiger Höhe zu errichten.

Nicht nur ihr schattiges Blätterdach, auch die Blüten mit ihrem weithin wahrnehmbaren Wohlgeruch, die zarten Blätter, Rinde und Bast sowie das leichte, biegsame Holz fanden vielseitige Verwendung. Deshalb war die Linde über Jahrhunderte hinweg ein intensiv genutzter Baum, der viel zu selten wieder nachgepflanzt wurde.

Wir sind wie die Bäume, die in Blüte stehen, im Abendwind,
und erleben die Sehnsucht, die im Duft verweht, beglückt.

Linde in Rückeroth, Deutschland

Sie ist eine der höchstgewachsenen Linden, die ich kenne. Schon von weitem sieht man den Kirchturm der benachbarten Kirche – und die gewaltige Baumkrone, die diesen überragt. Über ihr Alter gibt es sehr unterschiedliche Vermutungen, weil sie einfach gesund aussieht und einen vollkernigen Stamm hat. Das sind jugendliche Merkmale. Andererseits schafft selbst eine Linde einen Stammumfang von mehr als elf Metern kaum vor ihrem 500. Lebensjahr. Vor 1600 soll hier eine große Linde gestanden haben, die wahrscheinlich gefällt oder zerstört wurde. Es ist gut möglich, dass aus ihrem Urstamm und Wurzelstock abermals der heutige Baum erwachsen ist. Dann wäre sie sogar bedeutend älter. Eine enorme Erscheinung, die unseren Blick zum Himmel lenkt.

Standort:	Rückeroth, Westerwaldkreis, Rheinland-Pfalz, Deutschland; Ortsmitte bei Kirche, erhöht
Geodaten:	50°33'36,7" N + 07°44'36,8" O, auf 290 m
Stammunfang:	ca. 1150 cm, vollholzig mit 5 Stammschäften ab 3 m
Höhe, Krone:	ca. 38 m, ca. 18 m Kronendurchmesser
Alter:	ca. 550 Jahre; Referenz: Michel Brunner

Der mächtige Stamm im umauerten Eck des erhöhten Kirchenparks öffnet sich schon auf geringer Höhe und bietet eine »Plattform« zum Betrachten der ungewöhnlichen Krone an.

Ein von der Natur geschaffenes »Ereignis«: Fünf, je nach Zählweise sogar sieben Stammschäfte ragen kerzengerade über 30 Meter in die Höhe und bilden so die Krone einer der höchsten Linden des Landes.

Linde in Königslutter, Deutschland

Der geschichtsträchtige Ort westlich von Berlin demonstriert mit seinem Kaiserdom, in dessen Parkanlage diese uralte Linde lebt, seine Bedeutung schon in frühen Zeiten. Kaiser Lothar pflanzte angeblich diesen Baum, als 1135 der Dom erbaut wurde. Sie heißt darum auch *Kaiser-Lothar-Linde*. Es ist gut möglich, dass diese Linde bereits ein greisenhaftes Alter besitzt. Vor dem imposanten Kirchenschiff stehen einige andere hundertjährige Linden, die, wie so oft, das Kirchenleben seit langem begleiten und prägen. Diese aber wurde sogar als »Thinglinde« mit besonderen Fähigkeiten und auch als Gerichtsbaum bis ins 18. Jahrhundert genutzt. In etwa einem Meter über dem Boden wachsen zwei riesenhafte Starkäste, die jeweils etwa fünf Meter Umfang haben (selbst wie ein starker Baumstamm), und weit hinausreichen. Ein sehr bemerkenswerter Wuchs und eine urtümliche Form – ein Muss für alle Baumfreunde und Pilger, die an diesen Ort kommen.

Standort:	Königslutter, Niedersachsen, Deutschland; hinter Kaiserdom im Klosterpark
Geodaten:	52°14'43,6" N + 10°48'54,5" O, auf 180 m
Stammumfang:	ca. 1200 cm, hohl, gut überwallt, Starkast 500 cm
Höhe, Krone:	ca. 20 m, ca. 27 m Kronendurchmesser
Alter:	ca. 880 Jahre; Referenz: Michel Brunner

Überwallungen, Wülste und Adventivwurzeln bilden zusammen ein hohles Stammgerüst, das abenteuerlich wirkt. Sie zeigen das erhabene Alter und die Überlebensbemühungen des Baumes.

Die beiden stärksten Äste greifen in einer weitausholenden Geste in den Himmel, strecken die Baumkrone auf eine beachtliche Größe über den Park.

Eine Baumwelt für sich. Erst wenn man unter den tiefhängenden Ästen bis zum Stamm sehen kann, wird klar, dass es sich hier um einen einzigen Baumriesen handelt.

Linde bei Kempten, Deutschland

Zwischen den einzelnen Höfen auf dem hügeligen Umland von Kempten lebt diese imposante Linde. Ihr Stamm ist völlig hohl und zweigeteilt, trotzdem erfreut sie sich guter Gesundheit mit einer frischen, dichten Krone. Der Waldrand rückt näher. Von hier aus gibt es eine beeindruckende Fernsicht übers Tal und die weiteren Gehöfte. Diese Linde ist eher unbekannt.

Standort:	Prestlings bei Kempten, Allgäu, Deutschland; am Marienbergweg, beim Gissibelhof
Geodaten:	47°43'51,7" N + 10°16'24,0" N, auf 850 m
Stammumfang:	ca. 1150 cm, hohl
Höhe, Krone:	ca. 18 m, ca. 15 m Kronendurchmesser
Alter:	ca. 500–600 Jahre
	Referenz: Ullrich, Kühn (Deutsches Baumarchiv)

Der Blick Richtung Westen führt weit über das hügelige Land. Der Lindenstamm zeigt viele Maßnahmen des Baumes, um sich im Lauf der Zeit zu festigen und zusätzlich Stütze zu geben.

151

152

Linde in Brielow, Deutschland

Der als *Schwedenlinde* bekannte Baum hat eine außergewöhnliche Stammform, die aus zwei hohlen Schalen besteht. Schon drei Generationen der örtlichen Schmiede haben ihre Äste mit Ketten und Schlingen aneinandergebunden und so geholfen, dass dieser Baum nicht auseinanderbrach. Ihr Name stammt angeblich aus dem Schwedenkrieg ab 1618. Einige Dendrologen schätzen ihr Alter sogar auf über 800 Jahre. Sie hat fast 14 Meter Umfang!

Standort:	Brielow im Havelland, Brandenburg, Deutschland; an der Hauptstraße im Friedhof der Kirche
Geodaten:	52°27'40,1" N + 12°32'31,2" O, auf 40 m
Stammumfang:	ca. 1370 cm, zwei zum Teil hohle Stammhälften
Höhe, Krone:	ca. 22 m, 27 m Durchmesser
Alter:	ca. 700 Jahre
	Referenz: Ullrich, Kühn (Deutsches Baumarchiv)

Linde in Langendernbach, Deutschland

Schon im 13. Jahrhundert stand an diesem Platz eine Kapelle, die um 1897 durch einen Kirchenneubau ersetzt wurde. Dieser Baum begleitet offenbar beide Häuser und die Menschen des Dorfes seit Jahrhunderten. Sein geteilter hohler Stamm besteht innen aus massiven Überwallungen sowie Adventivwurzeln. Die Krone wurde mehrfach gestutzt. Die Linde mit über zwölf Metern Stammdurchmesser gehört zu den massigsten Baumwesen.

Standort:	Langendernbach, Hessen, Deutschland; Ortsmitte, vor der Kirche
Geodaten:	50°32‘20,0“ N + 08°02‘39,7“ O, auf 245 m
Stammumfang:	ca. 1250 cm
Höhe, Krone:	ca. 10 m hoch, dichte, vitale, zurückgeschnittene Krone
Alter:	ca. 800 Jahre; Referenz: Michel Brunner

Linde bei Niederdorla, Deutschland

Diese prächtige Sommer-Linde bildet zusammen mit zwei Winter-Linden eine auffallende Baumgruppe. Jede von ihnen steht für eine Nachbargemeinde. Hier in der Nähe befindet sich der geografische Mittelpunkt Deutschlands. Ebenfalls nicht weit entfernt stockt der geschützte Buchenwald *Hainich* (Seite 296). Der Platz ist nach alter Überlieferung eine Kultstätte und offenbar wurden hier bis ins 11. Jahrhundert Opferkulte gepflegt. Der stattliche Baum wird auch als *Mallinde* bezeichnet. Sie ist wirklich malerisch mit ihrem breiten Stammsockel und den oberirdischen wuchtigen Wurzeln und der weiten überdachenden Krone. Die Bänke laden zum Ruhen und Genießen ein – und trotz des Verkehrslärms einer nahen Straßenkreuzung fühlt man sich hier wie in einer anderen Welt, eingehüllt in wohltuenden Lindenduft. Der Baum wird von anderen Autoren auf bis zu 650 Jahre geschätzt, was angesichts des enormen Stammsockels durchaus möglich ist.

Standort:	Niederdorla, Unstrut-Hainich, Thüringen, Deutschland; am Ortsrand Richtung Oberdorla
Geodaten:	51°09'42,9" N + 10°26'09,5" O, auf 220 m
Stammumfang:	ca. 970 cm, zum Teil hohl, 3 Starkäste ab ca. 3 m
Höhe, Krone:	ca. 20 m, ca. 20 m Kronendurchmesser
Alter:	ca. 500 Jahre
	Referenz: Ullrich, Kühn (Deutsches Baumarchiv)

154

Ein romantisches Plätzchen. Hier unter Linden lass dich nieder …

155

Starke Oberflächenwurzeln ziehen sich bis zu zehn Meter über den Boden und geben der breiten Krone sicheren Halt gegen Starkwinde.

Linde nahe Bremelau, Deutschland

Sie lebt immerhin auf 750 Metern Meereshöhe und hier auf der Schwäbischen Alb können die Winter sehr kalt und lang sein. Heuhof besteht heute aus wenigen Häusern. 1133 weihte der Bischof Ulrich von Konstanz eine Kapelle gleich nebenan ein und es wurde auch eine Linde gepflanzt. Um 1837 sind die Kapelle und wahrscheinlich auch die daneben lebende Linde abgebrannt. Aus der heutigen Wuchsform ist zu schließen, dass sie aus ihrem verbliebenen Stammstumpf neue Stockloden getrieben hat. Daraus entwickelten sich diese stattlichen drei Stammschäfte. Die Linde wirkt geradezu jugendlich und zeigt eine vitale Krone. Wenn die am besten vorstellbare Version stimmt, wäre sie rund 880 Jahre alt und würde zu den ältesten des Landes zählen. Wie auch immer, zu den schönsten zählt sie allemal. Ein gesunder Stamm, eine volle Krone – sie kann noch viele Jahrhunderte älter werden und leicht eine »echte« Tausendjährige werden.

Standort:	Bremelau, Baden-Württemberg, Deutschland; Parzelle Heuhof, ca. 5 km östlich des Ortes
Geodaten:	48°20'54,6" N + 09°34'19,0" O, auf 750 m
Stammumfang:	ca. 1060 cm, kerngesund, mehrschaftiger Aufbau
Höhe, Krone:	ca. 25 m, ca. 20 m Kronendurchmesser
Alter:	ca. 500–880 Jahre; Referenz: Michel Brunner

Auf dieser Höhe findet die Lindenblüte bis spät in den Juli hinein statt. Ein summendes Bienenvolk belebt das Umfeld, umhüllt vom berauschenden Lindenduft. Da bleibt man gerne länger.

Eine ideale Kegelform mit dicht geschlossener Krone. Wie aus dem Bilderbuch. Wohl kein anderer Baum kann mehr an Geborgenheit bieten.

Linde in Goslar, Deutschland

In der 1000-jährigen Kaiserstadt Goslar findet man etliche sehr alte Bäume, vornehmlich Linden. Die *Stollenlinde* wurde 1585 zur Feier der Fertigstellung eines Erzbergwerk-Stollens gepflanzt und seither gut dokumentiert. Vor rund 120 Jahren hatte sie einen Stammumfang von acht Metern und ist seit damals stark gewachsen. Ihre Maximalhöhe hat sie wohl erreicht und steht jetzt in der Lebensmitte, in der sie vornehmlich an Dicke zunimmt.

Es liegt nicht nur am erhöhten Standort, an dem sie wächst und gedeiht, dass sie so riesig erscheint. Sie gehört in ihren Gesamtmaßen tatsächlich zu den größten Linden des Landes, nur wenige sind größer. Ihre Äste reichen ringsum bis zum Boden und im Juli, als ich sie besuchen konnte, war die Luft erfüllt vom Summen der Bienen und vom duftenden Aroma, das sie weithin verbreitete. Unter ihr ist es beinahe windstill, schattig – ein herrliches Klima, um zu entspannen. Offenbar nutzen das auch die Besitzer, denn eine einladende Sitzgruppe steht unten am Stamm, wohl behütet von den weiten Armen des Baumes.

Standort:	Goslar, Niedersachsen, Deutschland; oberhalb des Stadtparkes bei Privathaus »am Stollen«
Geodaten:	51°54'05,1" N + 10°26'00,6" O, auf 290 m
Stammumfang:	ca. 980 cm, einseitig hohl, sehr hoher Stamm
Höhe, Krone:	ca. 35 m, ca. 25 m Kronendurchmesser
Alter:	ca. 430 Jahre; Referenz: Michel Brunner

159

160

Ohne Größenvergleich mit dem Rucksack könnte man diesen riesigen Stamm vielleicht unterschätzen. Drei Meter Durchmesser!

Im schattigen, wohlbehüteten Baumklima duftet das süßliche Lindenblütenaroma – und bildet einen eigenen Raum von märchenhafter Ruhe und Behütetsein.

Linde in Polchow, Deutschland

Etwas geduckt, in der Stille des örtlichen Friedhofs, lebt diese gigantische Sommer-Linde. Der erste Kirchenbau führt zurück ins 13. Jahrhundert und es wirkt überzeugend, dass sie damals gepflanzt wurde. Ihr Stamm besteht aus zwei hohlen Schalen, die inwendig vollständig mit neuer Rinde überwallt sind, und einer starken Adventivwurzel, die sie zur Stütze aus ihrer Krone in den Boden getrieben hat. Diese Wurzel steht anstelle der inzwischen fehlenden Stammhälften und wenn sie für den Umfang mit berechnet wird, stehen wir vor einer Linde mit über 16 Metern Stammgröße. Leider wurde ihre Krone immer wieder recht brutal gekürzt und, statt Starkäste zu stützen, wurden diese einfach entfernt. Es gibt bessere baumpflegende Methoden, einem so alten Zeitzeugen zu helfen und ihm die Last der Äste und des Kronendaches zu erleichtern. Trotz aller dieser Eingriffe blüht die Linde wie seit vielen hundert Jahren und treibt vehement Zweige und neue Triebe aus. Ein Beispiel unbändigen Lebenswillens. So wird sie von Fachleuten auf mögliche 1000 Jahre geschätzt, was angesichts dieser enormen Stammausmaße denkbar ist.

Standort:	Polchow bei Laage, Kreis Güstrow, Mecklenburg-Vorpommern, Deutschland; Hauptstraße bei Kirche
Geodaten:	53°56‘41,7“ N + 12°28‘32,6“ O, auf 48 m
Stammumfang:	ca. 1500 cm, 2 Stammschalen, mit Wurzel sogar 1650 cm
Höhe, Krone:	ca. 10 m, ca. 18 m Kronendurchmesser
Alter:	ca. 800 Jahre

Das Bänklein wird offenbar gerne genutzt und verdeutlicht die enormen Ausmaße des Stammes.

Im grünen Friedhof, blickgeschützt hinter der Kirche, lebt diese Linde seit Hunderten von Jahren und blüht jedes Jahr aufs Neue.

Linde in Wiesenbach, Deutschland

Bei dieser Linde sind sich die Experten uneins: War es ein Stamm, der sich geteilt hat oder hat der Baum von vorne herein Stockloden (eigene Baumschäfte) getrieben? Die Einstammvariante würde auf ein greises Alter von etwa 700 Jahren hinweisen und, wenn man die Hohlstämme und Überwallungen betrachtet, könnte das gut möglich sein. Die Häuser in diesem beschaulichen Dorf um die Linde herum sind zum Teil über 500 Jahre alt und es könnte sein, dass der Baum aus der Zeit der Dorfgründung stammt.

Standort:	Wiesenbach bei Blaufelden, Baden-Württemberg, Deutschland; an der Ortsdurchfahrt, auf erhöhtem Terrain
Geodaten:	49°17'53,4" N + 10°02'01,7" O, auf 470 m
Stammumfang:	ca. gesamt 1100 cm, je Stamm: 760 cm und 500 cm
Höhe, Krone:	ca. 8 m
Alter:	ca. 500–700 Jahre

Linde bei Ehingen, Deutschland

Sie war einmal ein stattlicher Baum und ist zur Zeit nur mit einer kleinen Krone beschmückt. Aber ihr Stamm erzählt Legenden. Manche erkennen in den Rindenformen Tiere und Fabelwesen. Der Baum ist hohl und altersgemäß stabil. Er kämpft offenbar seit Jahrzehnten mit dem Aufbau einer größeren Krone. Möglicherweise schadet ihm die Mistgrube nebenan. Die Biografie ist gut dokumentiert, da der Ziegelhof seit dem Mittelalter existiert.

Standort:	Ehingen, Baden-Württemberg, Deutschland; Ziegelhof an der B465 (Münsinger Straße)
Geodaten:	48°18'0,8,5" N + 09°41'21,9" O, auf 610 m
Stammumfang:	ca. 950 cm
Höhe, Krone:	ca. 8 m hoch
Alter:	ca. 600 Jahre
	Referenz: Ullrich, Kühn (Deutsches Baumarchiv)

Eine atemberaubende Baumgestalt riesigen Ausmaßes an einem idealen Standort.

166

Linde über Ramsau, Deutschland

Eine der schönsten und größten Linden Europas lebt auf über 800 Metern im Berchtesgadener Land, nahe des Königssees und der Grenze zu Salzburg. Oben im Bild soll der Größenvergleich zum Rucksack die Dimensionen des gewaltigen Stammes sichtbar machen. Mit über zwölf Metern besitzt dieser Baum auch einen der mächtigsten Stämme. Er wirkt sehr vital und gesund und es ist gut möglich, dass die Stammausmaße noch wesentlich größer werden können.

Linde über Ramsau, Deutschland

Der beeindruckend schöne wie riesige Baum lebt an einem ebenen Platz mit Aussicht ins Tal und in die Berge und trägt seit 1933 den Namen *Hindenburg-Linde*, wie auch der Gasthof nebenan. Vor 1997, als der unterste talseitige Starkast abbrach, hatte sie die wohl größte Baumkrone in Deutschland mit über 120 Metern Umfang. Diese Linde ist wirklich etwas ganz Besonderes und aus meiner Sicht einer der respektabelsten Baumriesen überhaupt. Hier passt der turmstarke Stamm zur ausladenden Krone – jeder der Starkäste ist so groß wie ein ganzer ausgewachsener Baum. Der Stamm wurde mehrmals mit Steinen und Mauerwerk gestützt, die Krone zur Entlastung zusammengebunden. Auf dieser Höhe wächst die Linde recht langsam. Sie hat wesentlich kürzere Vegetationszeiten als ihre Schwestern im Tal, deshalb scheint ein Alter von 700 Jahren sehr wahrscheinlich. In diesem Alter tragen Linden meist schon die zweite oder dritte Krone und zeigen oft eine wesentlich gedrungenere Form. Ich besuchte den Baum bereits mehrmals und es ist immer wieder ein erhabener Augenblick – voll des Staunens und der Ehrfurcht.

Standort:	Ramsau, Berchtesgadener Land, Bayern, Deutschland; an Passstraße oberhalb Ramsau, beim Gasthaus
Geodaten:	47°36‘58,2“ N + 12°53‘05,3“ O, auf 840 m
Stammumfang:	ca. 1230 cm, Starkäste ab ca. 5 m Höhe
Höhe, Krone:	ca. 32 m, Kronendurchmesser ca. 38 m
Alter:	ca. 700 Jahre
	Referenz: Ullrich, Kühn (Deutsches Baumarchiv)

Nach 15 Jahren ist die Bruchstelle des Starkastes fast vollständig überwallt.

Schnee von November bis April – ein hartes Lindendasein.

Eine massive »Holzwand« von über drei Metern bildet diese Stammseite.

Eine erhabene und vollkommene Harmonie ausstrahlende Baumgestalt.

Linde in Wessobrunn, Deutschland

Hinter dem Klostergarten am Waldrand, an einem Hang zu einem kleinen Waldbach steht ein uralter Baumriese – eine der stärksten und ältesten Linden. Sagen begleiten seit hunderten Jahren seinen Weg. Angeblich hat König Tassilo hier einst eine Quelle gefunden, nachdem er im Schatten der Linde geträumt hatte. An jener Stelle stand ein Kloster und sie war Teil eines üppigen Baumgartens und Treffpunkt der alljährlichen königlichen Jagdvergnügungen. Besonders eindrücklich ist, wie sich die Linde immer wieder selbst regeneriert und repariert. Ihr ursprünglicher, sicherlich wesentlich höherer Hauptstamm ist längst verfault und es haben sich aus der Stammesrinde Stockloden gebildet, die inzwischen selbst zu massigen Stämmen herangewachsen sind. Die Linde überwallte im Lauf der Zeit alle Wunden und bildete neue Rinde. Etliche Stützwurzeln (Adventivwurzeln) wuchsen in den Boden, um das Auseinanderbrechen des Hohlstammes zu verhindern und die neuen Schäfte zu stützen. Wahrhaft die höchste Kunst des Überlebens. Der Baum könnte bis zu 1000 Jahre alt sein.

Standort:	Wessobrunn, Bayern, Deutschland; Dorfrand, hinter dem Klostergarten
Geodaten:	47°52'35" N + 11°01'45,6" O, auf 690 m
Stammumfang:	ca. 1320 cm, hohler Stamm, 3 neue Stammschäfte
Höhe, Krone:	ca. 10 m
Alter:	ca. 800–900 Jahre

Eine Meisterleistung der Überlebenskunst: neue Rinde, neue Wurzeln, neue Stämme – und das alles aus dem gleichen Baum und Wurzelwerk.

Der schmale Waldweg hinter dem großen Klostengarten führt direkt zu der Tassilolinde. Von dort sind die einzelnen Stämmlinge gut erkennbar.

Ein unglaublicher Stamm: auf dieser Seite ist er über vier Meter breit.

Weltweit gibt es nur wenige Linden, die diese Ausmaße haben oder sie übertreffen. Über 13 Meter Stammumfang – das ist ein riesiges Wesen aus Holz und Wurzeln.

Linde von Heede, Deutschland

Die Linde mit dem größten Stammumfang ist zugleich der dickste Baum Deutschlands und, soweit bekannt, auch Mitteleuropas. Sie lebt nahe der holländischen Grenze. Viele Jahrhunderte ihrer wechselvollen Geschichte sind gut dokumentiert. Tatsächlich wurde 1467 um die damals bereits große Linde die *Schärpenburg* gebaut, in deren Hof sie Schatten und Duft verteilen durfte. Nach dem Holländischen Krieg wurde die Burg um 1673 geschliffen, die Linde aber durfte weiterleben. Sie hat einen massiven, kerngesunden Stammsockel, woraus wenigstens zehn Stammschäfte wachsen. Betrachtet man diese als Starkäste, sind es insgesamt 13, je nach Zählweise. Die sogenannte Brusthöhen-Umfangmessung (auf 130 Zentimeter) ergibt einen enormen Umfang von über 19 Meter. Würde etwa auf 100 Zentimeter gemessen werden, sind es immerhin noch über 16 Meter. Dementsprechend wird ihr Alter in der Fachliteratur manchmal auf bis zu 900 Jahre geschätzt. Das mag von den beeindruckenden Umfangmaßen her auch stimmen. Die Linde lebt sehr vital und gesund auf einer – für sie – kleinen Wiese am Rand eines Wäldchens und wird gerne und oft besucht. Ein Baumriese, den es so nur einmal gibt!

Standort:	Dörpen, Kreis Emsland, Niedersachsen, Deutschland; Ortsteil Heede, kleiner Park mit Freilichtmuseum
Geodaten:	52°29'35,7" N + 07°17'46,8" O, auf –9 m
Stammumfang:	ca. 1950 cm, voller Stamm, 10 Stammschäfte ab 3 m
Höhe, Krone:	ca. 28 m, 36 m Kronendurchmesser
Alter:	ca. 700 Jahre

Blick von oben auf den Stammsockel in drei Meter Höhe. Die Starkäste (oder Stammschäfte) reihen sich um den Stammkern und ziehen schräg und sehr ausladend nach oben.

Die weiten Ausleger der Baumkrone bedecken mit fast 40 Metern geschlossen die Waldwiese, auf der die Riesenlinde von Heede seit Jahrhunderten wächst.

Kleiner Rucksack, großer Stamm. Die Sommer-Linde bildet einen kreisrunden Stamm, der sich hier in etwa sechs Meter (!) Breite imposant darbietet.

Der Kraftort des umfangstärksten Baumes Deutschlands: ein Bollwerk der Natur und eine Demonstration, was eine Linde sein kann.

Linde bei Laichingen, Deutschland

In dieser ländlichen Gegend von Baden-Württemberg stehen vereinzelt alte Linden und Buchen. Diese Linde lebt in einer weiten, landwirtschaftlich genutzten Ebene, womöglich ging früher hier ein Feldweg vorbei. Auffallend ist ihre verjüngte Krone. Gut möglich, dass hier der Blitz ein Opfer fand. Sie fügt sich wunderbar in die sanfthügelige Landschaft ein. Ihr vollholziger Stamm nimmt zügig an Umfang zu. Mit etwas Glück kann sie ihr Alter noch verdoppeln.

Standort:	Laichingen, Baden-Württemberg, Deutschland
Geodaten:	ca. 48°30' N + 09°39' O, auf 790 m
Stammumfang:	ca. 750 cm
Höhe, Krone:	ca. 12 m hoch
Alter:	ca. 300 Jahre

Linde in Buchenberg, Schweiz

Eine hügelige Landschaft in der Schweiz, nahe Deutschland. Am Ortsrand steht eine schöne Linden-Gruppe (Seite 15) und einzeln diese bemerkenswerte Linde mit Inschrift und Schutztafel. Sie ist in den letzten Jahrzehnten kräftig gewachsen und zeigt momentan Ermüdungserscheinungen in ihrer weiten Krone. Ihr zur Seite wurde eine junge Linde gepflanzt. Für die Dorfbewohner und Wanderer bildet sie ein beliebtes Ausflugsziel mit herrlichem Rundumblick bis in die schneebedeckte Bergwelt.

Standort:	Buchenberg, Solothurn, Schweiz; am Ortsrand an einem Feldweg
Geodaten:	47°33'56,7" N + 08°33'35,6" O, auf 480 m
Stammumfang:	ca. 740 cm
Höhe, Krone:	ca. 15 m, 28 m Durchmesser
Alter:	ca. 300 Jahre; Referenz: Michel Brunner

Linde in Diessenhofen, Schweiz

Auf einer hügeligen Wiese steht diese prächtige Linde neben einigen Nussbäumen. Der Weg führte hier früher zum Kloster St. Katharinental, das etwas weiter unten im Tal direkt am Rhein gelegen war. Der Fluss bildet die natürliche Grenze zwischen der Schweiz und Deutschland. Das Kloster wurde im 13. Jahrhundert gebaut. Da die Linde nicht so alt sein kann, stand vielleicht vor ihr am selben Platz ein anderes Exemplar. Diese hier wurde jedenfalls gezogen, also bewusst geformt. Der erste Kranz von Starkästen beginnt etwa drei Meter über dem Boden und ist in dieser Gleichmäßigkeit kaum vom Baum selbst geplant worden … Durch solche Eingriffe wurde aber auch der Mittelstamm benachteiligt, der die Wuchshöhe bestimmt. Für unser Auge ist diese Linde ein wohlgeformter Baum, sie wäre – ohne menschliche Eingriffe – wohl höher und schlanker gewachsen.

Standort:	Diessenhofen, Kanton Thurgau, Schweiz; vor dem Ort, am Weg zum Katharinen-Hospiz
Geodaten:	47°41'19,3" N + 08°44'05,1" O, auf 420 m
Stammumfang:	ca. 870 cm, massiv
Höhe, Krone:	ca. 25 m, 22 m Kronendurchmesser
Alter:	ca. 450 Jahre; Referenz: Michel Brunner

175

176

Der Wuchs ist schön ausladend geschwungen. Die Starkäste reichen weit ins Feld, der Mittelstamm blieb dagegen eher verkümmert.

177

Von der Hauptstraße aus wird die Linde sofort wahrgenommen. Da sie etwas unterhalb liegt, wirkt sie gedrungener. Wenn man direkt vor ihr steht, entwickelt sie aber erst ihre wahre Größe.

Linde in Linn, Schweiz

Diese Sommer-Linde ist einer der meist beschriebenen Bäume der Schweiz. Sie wird mit der Geschichte der Habsburger in Verbindung gebracht, die in der Nähe ihr Stammschloss hatten, oder mit mittelalterlichen Pestseuchen (als Pestlinde, bei der die Toten begraben wurden), die sich in dieser wie auch vielen anderen Regionen zugetragen haben. Man vermutet deshalb ihren Ursprung um das Jahr 1330. Damals wurde der Ort mit der Linde genannt. Wahrscheinlich stammt die Bezeichnung *Linn* von *Linde* ab. Für ihr Alter ist sie erstaunlich vital und hat einen sehr robusten, imposanten Stamm. Sie wurde auch schon zurückgeschnitten, ihre Krone ist undurchsehbar dicht. Der Baum steht an einer Wegekreuzung auf einem Hügel oberhalb von Linn und wird täglich von unzähligen Wanderern und Fahrradfahrern besucht, die auf dem Europäischen Fernwanderweg unterwegs sind – oder von Baumfreunden, die die bekannteste Linde der Schweiz besuchen.

Standort:	Linn, Kanton Aargau, zwischen Zürich und Basel, Schweiz; auf Hügel über dem Dorf
Geodaten:	47°28'14,5" N + 08°07'58,8" O, auf 580 m
Stammumfang:	ca. 1200 cm, hohl, mit vielen Adventivwurzeln
Höhe, Krone:	ca. 15 m, ca. 20 m Kronendurchmesser
Alter:	ca. 700 Jahre

Die bekannte Linde ist ein Ort der Ruhe und Gelassenheit. Nehmen Sie Platz …

Der riesige Stamm, der inzwischen aus Überwallungen und neuen Adventivwurzeln besteht. Er ist fest und stabil und besitzt wahrscheinlich nicht mehr seine ursprüngliche Form.

Obwohl bereits Jahrhunderte alt, ist sie auch heute noch eine ausgesprochene Schönheit. Einer Legende nach soll sie seinerzeit zum Andenken an die vielen Pestopfer des Dorfes gepflanzt worden sein.

Linde in Hirzel, Schweiz

In der Nähe des Zürichsees führt die Hauptstraße über eine Anhöhe Richtung Zug. Hier oben geht der Blick weit hinein in die Bergwelt. Genau auf der Hügelspitze durfte diese Linde groß und mächtig werden. Obwohl sie erst um 1700 gepflanzt wurde, hat sie beachtliche Ausmaße angenommen. Offenbar behagen ihr das Klima und der Boden besonders. Der Bauer nebenan weiß viele Geschichten über sie und achtet darauf, dass sie ungestört gedeihen kann. Erst jetzt ist die Hochphase ihres Baumlebens angebrochen.

Standort:	Hirzel, Kanton Zürich, Schweiz; bei Erni auf einem Hügel neben der Zugerstraße
Geodaten:	47°12'33,7" N + 08°36'24,5" O, auf 650 m
Stammumfang:	ca. 750 cm
Höhe, Krone:	ca. 30 m, 28 m Durchmesser
Alter:	ca. 300 Jahre

Linde bei Burgistein, Schweiz

Diese Linde hat den mächtigsten Stammumfang in der Schweiz. Mit über elf Metern ist sie vielleicht sogar an die 700 Jahre alt. Ihr Stammfuß ist unglaublich, denn die Wurzeln stülpen sich über eine alte Mauer weit hinunter in den Boden. Obwohl der Misthaufen direkt hinter ihr steht und sie an die Ecke des Grundes gedrängt wirkt, hat sie eine sehr dichte und vitale Krone und wirkt sehr gesund. In dieser idyllischen bäuerlichen Umgebung lebt sie ungestört und hoffentlich noch Hunderte von Jahren.

Standort:	Burgistein, Kanton Bern, Schweiz; bei Aebnit vor einem Bauernhof
Geodaten:	46°48'0,4" N + 07°30'14,3" O, auf 710 m
Stammumfang:	ca. 1100 cm, Stammsockel über 17 m!
Höhe, Krone:	ca. 15 m hoch, ca. 10 m Durchmesser
Alter:	ca. 600 Jahre; Referenz: Michel Brunner

Linde in Seeberg, Schweiz

Die Linde mit enormem hohlem Stamm und dichter gesunder Krone steht auf dem Hügel neben der Kirche mit Blick auf Dorf und Ebene. Sie wird regelmäßig geschnitten und gepflegt und macht einen sehr gesunden Eindruck. Mit bald zehn Metern Stammumfang gehört sie zu den dicksten Linden der Schweiz. Ein beachtliches Naturdenkmal.

Standort:	Seeberg, Kanton Bern, Schweiz; am Kirchhügel über dem Dorf
Geodaten:	47°09'30,5" N + 07°40'13,1" O, auf 545 m
Stammumfang:	ca. 940 cm
Höhe, Krone:	ca. 18 m, 22 m Durchmesser
Alter:	ca. 500 Jahre

Wenige Häuser haben sich zur Kirche mit dem Friedhof dazugesellt. Etwa um 1500 wurde dieser Baum gepflanzt. Er begleitet seither das dörfliche und religiöse Leben.

184

185

Linde bei Mittertritzen, Österreich

Am Berghang, hoch über dem Bauernhof, ragt eine einzelne Baumkrone über den Bergwald heraus. Sie steht seit Jahrhunderten dort oben am Waldrand bei einem kleinen Stall. Ihr Stamm weist turmähnlich in den Himmel, ihre bemoosten Starkäste ragen weit heraus. Im Vergleich zu dem vielleicht hundertjährigen Wald ist sie ein Riese und eine Greisin. Aufgrund der schwierigen Verhältnisse ist sie eher langsam gewachsen und das Alter, das in dieser Region von ihr erzählt wird, könnte stimmen. Eine Erscheinung mit Persönlichkeit.

Standort:	Mittertritzen, Kärnten, Österreich; bei Terpetzen, über dem Hof der Familie Lassnig
Geodaten:	46°42'53,7" N + 14°34'07,1" O, auf 715 m
Stammumfang:	ca. 830 cm
Höhe, Krone:	ca. 35 m, 18 m Durchmesser
Alter:	ca. 400–500 Jahre

Linde bei Admont, Österreich

Sie ist fast unbekannt, wenngleich ihre stattliche Erscheinung weit über den romantischen Bauernhof ragt, der seit Jahrzehnten privat bewohnt wird. Die Besitzerin erzählte mir viel über die Geschichte des Hofes, die untrennbar mit der des Baumes verbunden ist. Sie möchte keinen »Baumtourismus«, was verständlich ist. Der Stamm ist – sehr selten bei Linden in diesem Alter – vollholzig, was sie jünger wirken lässt, als sie ist. Die Krone ist grün und wirkt sehr gesund. Der Baum ist von der Landstraße aus gut erkennbar.

Standort:	Admont, Steiermark, Österreich; bei Weng im Gesäuse, an der Buchauer Bundesstraße
Geodaten:	auf Wunsch der Besitzerin keine, auf 840 m
Stammumfang:	ca. 900 cm
Höhe, Krone:	ca. 30 m hoch, ca. 20 m Durchmesser
Alter:	ca. 400–500 Jahre

Linde in Kreuth, Österreich

Dieser wunderschöne Baum ist wie für ein Märchenbuch gemalt. Er lebt hoch oben beim Zemrosser Hof, weit ab aller Ortschaften. Man muss ihn wirklich suchen. Dafür sind sein Standort und der Ausblick atemberaubend. In Kärnten gibt es lange, warme Sommer und meist nicht zu harte Winter. Das dürfte das Wachstum der Linde begünstigt haben. Der Stamm wirkt vollholzig, was bei Linden dieses Alters selten ist. Der Stammsockel hat Rekordausmaße. Der Bauer hier ist sehr stolz auf »seine Linde« und freute sich bei unserem Gespräch über einen der eher seltenen Besuche.

Standort:	Kreuth, Retschitz bei St. Ulrich, Kärnten, Österreich; am Zemrosser Hof nahe der Simonshöhe
Geodaten:	46°47'43,5" N + 14°11'23,3" O, auf 910 m
Stammumfang:	ca. 1200 cm, massiv
Höhe, Krone:	ca. 18 m, 15 m Kronendurchmesser
Alter:	ca. 600–700 Jahre; Referenz: Jeroen Pater

Der Stammsockel erinnert an einen übergroßen Elefantenfuß und misst am Boden rund 15 Meter Umfang.

187

Zwischen Stall und Bauernhaus gelegen, direkt neben dem Feldweg, lebt seit Hunderten von Jahren diese stolze, grandiose Linde: eine eigene Welt im Reich der Honigbienen.

Im August steht der Baum noch in Blütenpracht. Dabei summen Hundertausende von Bienen im Blätterdach: Die Unterhaltung darunter mit dem Bauer war fast unmöglich.

Der Hausbaum als Teil des ländlichen Lebens. So wird diese Linde seit langem geschätzt und behütet.
Auch dient sie als Holzstapelstütze und darf dabei älter werden, um die nächsten Generationen zu erfreuen.

189

Linde am Gschaid, Österreich

Wie bei den meisten Höfen dieser sonnenverwöhnten Region steht kurz vor dem Pass Gschaid, unmittelbar neben dem alten Bauernhaus eine traumhafte Linde. Ihre Krone wird, wie mir die Bäuerin erzählte, regelmäßig in größeren Zeitabständen geschnitten und schaut deshalb sehr dicht und gesund aus. Der enorme Stamm ist inzwischen hohl und zum Teil überwallt. Trotz seiner riesigen Ausmaße und des hohen Alters ist dieser Baum kaum bekannt. Seine »Linden-Schwestern« (Seite 204–205) stehen etwas weiter oben am Wegekreuz des Passes und sind weithin sichtbar und deshalb auch bekannter. Dieser »bescheidene« Baum übertrifft jene dort oben allerdings in Stammumfang und Alter.

190

Standort:	Birkfeld, Steiermark, Österreich; kurz vor dem Pass »Gschaid« bei einem Bauernhaus
Geodaten:	47°20'29,7" N + 15°44'33,1" O, auf 700 m
Stammumfang:	ca. 970 cm
Höhe, Krone:	ca. 20 m, 18 m Durchmesser
Alter:	ca. 500–600 Jahre

191

Linde bei Birkfeld am Gschaid, Österreich

Dieser beachtenswerte, weithin sichtbare Baum steht auf der Passhöhe und lädt die Wanderer, Fahrradfahrer und Reisenden zu einer gemütlichen, schattigen Rast ein. Ein langer Starkast wurde sorgevoll gestützt, was ihm gut tut. Die Linde hat einen mächtigen Stammsockel und eine dichte, rundliche, sehr gesunde Krone. Offenbar gedeiht sie hier sehr gut und verkraftet Starkwind und längere Trockenzeiten schadlos. Eine »Landmarke«, die weithin sichtbar ist.

Standort:	Birkfeld, Steiermark, Österreich; auf Passhöhe »Gschaid« direkt an der Wegekreuzung
Geodaten:	47°20'23,6" N + 15°44'45,1" O, auf 820 m
Stammumfang:	ca. 800 cm, 3 m bis zum Starkast
Höhe, Krone:	ca. 27 m, über 25 m Durchmesser
Alter:	ca. 400 Jahre

192

Linde bei Birkfeld am Gschaid, Österreich

Die dritte der drei Schwestern, möglicherweise auch die älteste, wurde ein Jahr vor meinem Besuch vom Blitz getroffen. Nachdem sie ausgebrannt war, sollte sie gefällt werden. Irgendwie hat es aber der Landwirt gespürt, dass in diesem mächtigen, verkohlten und hohlen Baumstamm noch Leben steckt. Er hat den Stammstumpf stehen lassen. Ein Jahr danach schob die Linde mit aller Kraft zarte Zweige in den Himmel. Mit ausreichend Zeit und etwas Glück wird sie in einigen Jahren wieder ein junge Krone gebildet haben.

Standort:	Birkfeld, Steiermark, Österreich; auf Passhöhe »Gschaid« direkt an der Wegekreuzung
Geodaten:	47°20'23,6" N + 15°44'45,1" O, auf 820 m
Stammumfang:	ca. 1000 cm
Höhe, Krone:	ca. 20 m, 18 m Durchmesser
Alter:	keine Angabe, ausgebrannt

Linde in Kirchberg, Österreich

Schon von weitem sieht man im mittelalterlichen Dorfkern die mächtige Lindenkrone über die Hausdächer ragen. Seit Jahrhunderten steht neben dieser Linde der Gasthof *Zur Tausendjährigen Linde*. Er musste, vor allem im Keller, mehrfach rückgebaut werden, um dem massivem Stamm Platz zu machen. Die Linde wächst den Aufzeichnungen nach sehr langsam, sie bekommt nur spärlich Wasser. Trotz ihres hohen Alters hat sie einen gesunden Stamm und eine sehr hohe, vitale Krone. Die unteren Starkäste werden gestützt.

Standort:	Kirchberg am Wechsel, Niederösterreich, Österreich; ca. 100 km südwestlich von Wien, direkt im Ortskern
Geodaten:	47°36'35,0" N + 15°59'025,0" O, auf 570 m
Stammumfang:	ca. 800 cm, breiter Wurzelansatz, 3 m bis zum Starkast
Höhe, Krone:	ca. 35 m, 25 m Durchmesser
Alter:	ca. 700–900 Jahre

Die imposante Krone des riesigen Baumes reicht weit über die Dächer des Dorfes hinaus und ist schon vom Dorfrand aus sichtbar.

Dieser Baum hat seinen respektierten Platz gefunden. Er ist Teil des Gastgartens und des Hauses. Über eine Steinstiege führt der Weg zur Kirche (12. Jahrhundert) hinauf. Ist die Linde damals gesetzt worden?

193

Linde bei Neuhof, Österreich

In dieser Gegend gibt es Bauernhöfe mit uralter Geschichte, dichte Fichtenwaldbestände – und im Tal ganz unten verläuft die Autobahn. Die Steiermark wird auch die *Grüne Mark* genannt, sie hat mit Abstand den höchsten Waldbestand in Österreich. Der Bauernhof liegt sehr hoch am Bergrücken und diese Linde hat starke Winde und harte Winter zu bestehen. Sie lebt am Waldrand in relativ trockenem Boden. Ihre Stammausmaße gehören zu den eindrücklichsten der bekannten Linden und sie gilt als Rekordhalter in Österreich. Im Lauf der vielen Jahrhunderte ist ihr Mitteltrieb abgestorben und es ist ihr gelungen, wie bei Linden oft zu sehen, mit neuen Stammschäften eine weite, wenn auch gedrückte Krone zu bilden. Um dieses enorme Gewicht halten zu können, verstärkte sie ihren Stamm mit Adventivwurzeln. Der hohle Stamm wurde innen mit Rinde überwallt und so erscheint der massive Stammsockel wuchtiger als für die kleine Krone nötig. Ein mehrfach beschriebenes Alter von etwa 1000 Jahren scheint aufgrund der Höhenlage und ihrer Abmessungen realistisch.

194

Standort:	Neuhof bei Übelbach, Steiermark, Österreich; vor Kleintalgraben hinauf zum Lambacher Hof
Geodaten:	47°12'53,9" N + 15°11'15,4" O, auf 890 m
Stammumfang:	ca. 1200 cm, mehrschaftig
Höhe, Krone:	ca. 15 m, 12 m Umfang der Krone
Alter:	ca. 900–1000 Jahre; Referenz: Jeroen Pater

195

Eine Welt von Stämmen, Rinden und Hohlräumen, bewachsen mit Moos und Farnen – das lebendige Universum eines einzelnen Baumes.

Ein ungestümer Baum mit wildem Wuchs, zahlreichen Starkästen und Stammschäften. Diese Linde scheint wie geschaffen zu sein für den besinnlichen Ort. Sie beschattet einen romantischen Sitzplatz.

Linde in Kumberg, Österreich

Kumberg ist ein kleiner Ort, der sich um die auf einer Anhöhe liegende Kirche schmiegt. Dort oben wächst diese auffallende Linde mit Blick ins Dorf. Sie wird geschnitten und gepflegt, Kinder spielen in ihrem hohlen Stamm und sie ist Teil des Dorflebens. Bänke und eine kleine Grünfläche gehören zu diesem Naturschauspiel. Ihre Krone wirkt gesund und dicht. Der Stamm ist, dem Alter entsprechend, schon vielfach überwallt und völlig hohl, obgleich er sehr stabil und tragend wirkt. Speziell die Kirchenlinden sind es, die – gemeinsam mit dem Bau von Kirche oder Friedhof – gepflanzt wurden und gleichsam als Symbole für das ewige Leben dort stehen und vor Lebensenergie strotzen. Es ist schön, dass es sie gibt, gut, dass sie erhalten werden, und wichtig, dass ihr Überleben für die Nachwelt gesichert wird.

Standort:	Kumberg, Steiermark, Österreich; Dorfmitte bei Kirche am höchsten Punkt
Geodaten:	47°09'37,0" N + 15°32'104,9" O, auf 530 m
Stammumfang:	ca. 900 cm, dreiteiliger Stamm, hohl
Höhe, Krone:	ca. 15 m, 10 m Umfang der Krone
Alter:	ca. 700 Jahre

Hier lässt sich schön Verstecken spielen. Die Spalten im Stamm sind so groß, dass sogar ein Erwachsener gut hineinkommt.

Ein ideales Ensemble, das zum Dorfbild gehört. Die Bewohner hegen und pflegen es mit viel Liebe.

Linde in Grafenstein, Österreich

Am Ende einer romantischen Allee öffnet sich der Hof der Klosterschule neben der Kirche des Ortes Grafenstein. Mitten im weitläufigen Hof steht dieser erhabene Baum. Seine Krone ist weithin sichtbar, er ist einer der höchsten Lindenbäume in Österreich. Ein Starkast zeigt etwa 15 Meter weit vom Stamm weg, als ob die Linde mit ihm eine zweite Krone bilden möchte. Der Baum wirkt kerngesund und besitzt einen stattlichen vollholzigen Stamm. Es ist eine perfekte Kombination: die historischen Gebäude ringsum, der offene Innenhof und die alles überragende Linde als Mittelpunkt des Lebens. Noch schöner kann man Baum und Gebäude nicht kombinieren. Sie ist in Kärnten wenig bekannt, steht in der Mitte ihres Lebens und kann jedenfalls mindestens doppelt so alt werden. Sie sollte unbedingt geschützt und erhalten werden. Dann könnte das schöne Ensemble noch in Hunderten von Jahren von Menschen bestaunt werden – und bis dahin Vorbild für so manche Platzgestaltung sein.

Standort:	Grafenstein, Kärnten, Österreich; am Ortsrand an der Hauptstraße, in einem Klosterhof
Geodaten:	46°36'42,1" N + 14°27'55,2" O, auf 420 m
Stammumfang:	ca. 720 cm, massiver Stamm, ab 4 m Starkäste
Höhe, Krone:	ca. 35 m, ca. 26 m Kronendurchmesser
Alter:	ca. 300–350 Jahre

200

201

Diese Allee führt seitlich der Hauptstraße zum Gebäudekomplex. Schon von hier aus ist die stattliche Linde im Hof erkennbar.

Der enorme vollholzige Stamm steht tief und wurzelt fest und stabil im Boden.

202

Im Oktober beginnt auch sie, sich dem Wandel der Jahreszeiten zu beugen. Die ersten Blätter verfärben sich und das gesamte Laubkleid wird nach den Frostnächten abfallen.

Linde in Faistenau, Österreich

Sie gehört zu den dicksten Dorflinden Österreichs. Nun ist das Klima dort auf dem Land nicht sehr mild: Salzburg ist eine Region mit häufigem Regen und der erhöhte Dorfplatz ist zusätzlich Wind und Winterkälte ausgesetzt. Es ist gut möglich, dass dieser Baum sogar noch älter ist als angenommen, da die Bedingungen für eine Linde besser sein könnten. Sie wird seit Jahrhunderten behütet und geschützt und die vielfachen Eingriffe hinterließen Spuren. Der Stamm ist – wie bei allen Linden in dieser Altersklasse – hohl und außen wie innen mehrfach mit Rinde überwallt. Die kurze Krone wird zusammengebunden und regelmäßig gestutzt und gut gepflegt. Als Dorf- und Kirchenlinde ist sie eine typische Erscheinung. Dieses Beispiel zeigt einmal mehr, dass es fast nur Linden sind, die ihren festen Platz in unseren Dörfern haben. Deshalb sind sie, sind solch alte Bäume bekannt, oft dokumentiert und vor allem vor übereiltem Fällen bewahrt geblieben.

Standort:	Faistenau, Salzburg, Österreich; Dorfmitte bei Kirche
Geodaten:	47°46'41,5" N + 13°14'0,9" O, auf 780 m
Stammumfang:	ca. 1070 cm, hohler Stamm, ab 3 m 2 Starkäste
Höhe, Krone:	ca. 12 m, ca. 8 m Kronendurchmesser
Alter:	ca. 700–800 Jahre

Ein deutliches Beispiel der erneuernden Kraft von Linden: In die ausgehöhlten Stellen schiebt der Baum neue Rinden und Adventivwurzeln.

Der Stamm sieht aus wie das Bein eines riesigen Elefanten. Er wächst noch immer.

Eingebettet auf dem Dorfplatz vor der Kirche und Teil des dörflichen Lebens und Treffpunkt für Jung und Alt: eine echte Erscheinung.

205

Linde in Millstatt, Österreich

Im milden Klima des südlichen Bundeslandes Kärnten gedeihen Linden besonders gut. Vielleicht ist der Klosterhof nicht ganz ideal: als jüngerer Baum fehlte ihr Sonne, ebenso ist der Boden nicht sehr nahrhaft. Sie ist trotzdem zu einem mächtigen Baum herangewachsen und steht in der Blüte ihres Lebens. Der Blütenduft erfüllt den gesamten Klosterhof. Nebenan in einem Garten lebt eine uralte Linde mit einem acht Meter starken Stamm und einem Alter von etwa 700 Jahren. Sie wird mit einem hohem Zaun geschützt und könnte der Mutterbaum dieser Linde sein.

Standort:	Millstatt am Millstättersee, Kärnten, Österreich; im Klosterhof, Ortszentrum
Geodaten:	46°48'15,4" N + 13°34'13,0" O, auf 620 m
Stammumfang:	ca. 620 cm
Höhe, Krone:	ca. 30 m, 25 m Durchmesser
Alter:	ca. 300 Jahre

206

Linde in Reutte, Österreich

Sie ist eine sehr stattliche Erscheinung und lebt – zum Haus gehörend – an der viel befahrenen Bundesstraße. Das Ensemble ist ein Augenschmaus. Die Linde zeigt einen ebenmäßigen Wuchs, hohen Stamm und steht in einer Lebensphase, in der sie an Höhe und vor allem an Breite noch kräftig zulegen wird. Sie lebt auf einer Meereshöhe, die für Linden schon nicht mehr ideal ist, denn die Winter sind lang und oft sehr kalt. Dennoch hat sie sich perfekt entwickelt. Bei entsprechender Pflege könnte sie ihr Alter gut verdoppeln.

Standort:	Reutte, Tirol, Österreich; Ortsteil Höffen, alte Bundesstraße, Ortsausfahrt
Geodaten:	47°28'21,5" N + 10°41'27,7" O, auf 880 m
Stammumfang:	ca. 650 cm
Höhe, Krone:	ca. 35 m hoch, ca. 20 m Durchmesser
Alter:	ca. 250 Jahre

Pappel

(Populus)

»Er zitterte wie Espenlaub«, sagt der Volksmund und verweist damit auf die Zitter-Pappel, eine der vielen Unterarten der Pappel, deren Laub beim feinsten Lufthauch zu rauschen beginnt. Auch die Pyramiden-Pappel mit ihrem schlanken Wuchs gehört zu dieser Familie. Allen Pappelarten ist ihr rasches Wachstum gemein. Sie übertreffen damit alle anderen Laubbäume Europas. Wahrscheinlich sind sie die am schnellsten wachsenden Bäume überhaupt.

Bis zu zwölf Zentimeter an Mächtigkeit können sie jährlich zulegen. Fünfzigjährige Pappeln mit sechs Metern Umfang sind keine Seltenheit. Auch ihr Höhenwachstum von bis zu drei Metern jährlich macht die Pappel zu einer Rekordhalterin. Bei dieser Wachstumsgeschwindigkeit verbraucht sie eine große Menge an Wasser. Sie kann den Grundwasserspiegel in ihrem Umkreis um bis zu einem Meter senken.

45 Meter an Höhe kann sie erreichen. Die Krone kann sich auf einen Durchmesser von 35 Metern ausbreiten. Ihrem schnellen Wachstum zollt sie Tribut, indem sie selten über dreihundert Jahre alt wird. Eine Eiche wächst zum Vergleich um zwei Drittel langsamer. Das Holzgewicht der Pappel ist sehr gering. Bis zu maximal einem halben Kilogramm wiegt ein Kubikdezimeter ihres Holzes, das der Eiche wiederum bis zu dreimal mehr. Das Holz der Schwarz-Pappel gilt als besonders schwer entflammbar und wurde deshalb früher gerne beim Hausbau verwendet. Die Pappelrinde ist reich an Salizylsäure, die stark entzündungshemmend und schmerzstillend wirkt. Auch die Knospen verfügen über eine heilende Wirkung.

Wie Weißdorn und Weide kann sich die Pappel sehr stark vegetativ vermehren. Steckt man einen abgebrochenen Zweig in die Erde, beginnt dieser unter entsprechenden Rahmenbedingungen Wurzeln zu schlagen und entwickelt sich zu einem eigenen Baum.

Standort:	Insel Reichenau im Bodensee, Deutschland; in Mittelzell, am »Zeller See«-Ufer
Geodaten:	47°42'10,2" N + 09°04'39,8" O, auf 400 m
Stammumfang:	ca. 680 cm, vollholzig
Höhe, Krone:	ca. 30 m, 20 m Durchmesser
Alter:	ca. 150 Jahre

Höre genau hin, auf die Melodie Deiner Lebendigkeit in den leisen Geräuschen der Baumkronen. Wenn der Wind darin tanzt, erfährst Du die Geheimnisse Deines Lebens.

Pappel bei Lindau, Deutschland

Im naturgeschützten Uferbereich um Lindau, der vorbildlich gepflegt und mit Wegen durchzogen ist, lebt dieser enorm große Baum. Er ist stark mit Efeu überwachsen und steht versteckt im Auwald-Gebüsch. Zusätzlich ist er durch eine Astmauer geschützt, die fürsorglich von den Forstleuten aufgeschüttet wurde. Dadurch ist von außen eigentlich nur seine riesige Krone zu sehen und erst bei genauer Betrachtung wird erkennbar, dass es sich um einen einzelnen Baum handelt. Diese Schwarz-Pappel ist als Naturdenkmal ausgewiesen und hat ein für Pappeln hohes Alter erreicht. Die einzelnen Baumschäfte, die aus einem Stammsockel wachsen, sind jeder für sich schon ein großartiger eigener Baum. Die zehn Meter Umfang zeigen ein rasantes Wachstum an, aber auch eine kerngesunde Rinde. Nur an wenigen Stellen gibt es Hohlräume. Obwohl Pappeln im Alter ihre Äste durch hohe Bruchanfälligkeit verlieren, besitzt dieser Baum eine fast unverletzte Krone. Stellvertretend für alle Pappelarten soll dieser grandiose Baumriese vorgestellt sein.

Standort:	Lindau am Bodensee, Bayern, Deutschland; Ortsteil Zech, Wäsen, am Bodenseeufer
Geodaten:	47°32'19,9" N + 09°43'37,3" O, auf 400 m
Stammumfang:	ca. 1000 cm, Stammsockel mit mehreren Schäften
Höhe, Krone:	ca. 35 m hoch, ca. 30 m Durchmesser
Alter:	ca. 200 Jahre

Eine Meisterleistung der Überlebenskunst: neue Rinde, neue Wurzeln, neue Stämme und das alles aus einem einzigen Baum und seinem Wurzelwerk.

Stark mit Efeu und Gebüsch zugewachsen, lässt sich erst nicht erkennen, welch riesiger Baum dort im Ufergebüsch steht.

Eine fast vier Meter breite Holzwand türmt sich vor mir auf. Sie verteilt sich in etwa drei Metern auf diverse Stammschäfte. Das Rucksäcklein wirkt auf ihrer Rinde wie ein Spielzeug.

Bescheiden und wohlbehütet lebt diese Schwarz-Pappel seit wahrscheinlich 200 Jahren am Ufer des Bodensees. Sie gehört zu den Rekordhaltern ihrer Art.

Ulme

(Ulmus)

Ein aggressiver Pilz, der über den Splintkäfer übertragen wird, ist für die Ulmenkrankheit verantwortlich, die in ganz Europa zu einem Ulmensterben geführt hat. Nur wenige Exemplare der bekannten europäischen Arten, etwa der Feld- und Berg-Ulme, sind von dieser Krankheit nicht heimgesucht worden und haben überdauert. Kaum empfindlich zeigt sich die Flatter-Ulme, deren Bestand durch den Pilz kaum in Mitleidenschaft gezogen wurde.

Allmählich, so scheint es, erholen sich auch die anderen Ulmen. Schon sind junge Ulmenmischwälder gepflanzt, die sich gut entwickeln. Noch vor hundert Jahren waren die Ulmen ähnlich verbreitet wie die Linden. Üppige Waldgesellschaften und Dorfulmen fanden sich in weiten Gebieten. Besonders im Möbelbau ist das als »Rüster« bezeichnete Holz der Ulme sehr geschätzt. Die hervorragenden Eigenschaften des Holzes sind Zähigkeit, Zug- und Druckfestigkeit sowie eine mäßige Härte und damit die gute Bearbeitbarkeit.

Standort:	Gülitz, Kreis Prignitz, Brandenburg, Deutschland; Dorfplatz neben der Kirche
Geodaten:	53°12‘07,51“ N + 11°58‘04,4“ O, auf 60 m
Stammumfang:	ca. 1060 cm, hohl, sehr breiter Wurzelstock (15 m)
Höhe, Krone:	ca. 18 m, ca. 10 m breite Krone, sehr vital
Alter:	ca. 600 Jahre
	Referenz: Ullrich, Kühn (Deutsches Baumarchiv)

Magie erleben. Es ist diese alles durchdringende Schöpferkraft, die ich empfinde, wenn ich mich anlehne an einen Baum.

Walnuss

(Juglans)

Ursprünglich stammt der Walnussbaum aus China und dem Iran. Dann wurde er im ganzen Mittelmeerraum kultiviert und nahm seinen Weg über die Alpen, wo er weite Verbreitung fand. Die Walnuss liebt die Wärme. Man findet sie deshalb meist südseitig von Bauernhäusern oder in ausgewählten Lagen. Erst spät im Frühling beginnt sie auszutreiben und spendet im Sommer kühlen Schatten. Nur fünf Monate trägt sie ihr Blätterkleid.

Sie gilt als mittelhoher Baum, erreicht Höhen bis zu 30 Metern, verfügt aber über eine ausladende Krone. Im Idealfall kann sie bis zu 400 Jahre alt werden. Besonders in Spanien findet man einige Veteranen, deren Stämme einen Umfang von zehn Metern aufweisen. Im Alpenraum und nördlich davon sind solche Maße nicht bekannt. Speziell in den südlichen Ländern ist ihr Vorkommen rückläufig. Angeblich vertreibt der Duft des Laubes lästige Mücken. Ein kleiner Zweig im Raum sorge für eine mückenfreie Zone, heißt es. Überall wird der Baum wegen seiner Früchte sehr geschätzt. Die Walnüsse haben einen hohen Anteil von Kalium, Folsäure und Protein. Sie sind sehr gesund und werden auf vielseitige Weise verwendet. Selbst die noch unreifen grünen Nüsse entwickeln sich – eingelegt oder als Likör angesetzt – zu einer Köstlichkeit. Das dunkel maserierte Holz ist im Möbelbau sehr beliebt. Der Begriff Walnuss hat mit den großen Meeressäugern nichts gemein. Er ist vielmehr eine Bezeichnung für die Nuss der Welschen: die Walschnuss, Walnuss.

Standort:	Schruns, Montafon, Vorarlberg, Österreich; oberhalb von Schruns, Gamplaschgweg
Geodaten:	47°04'20,4" N + 09°55'54,8" O, auf 860 m
Stammumfang:	ca. 400 cm, schräg verankert, zweischaftig
Höhe, Krone:	ca. 12 m
Alter:	ca. 200 Jahre

210

Gestärkt durch die Heilkraft des Baumes
kehre ich zurück in diesen Tag.

Weide

(Salix)

Zu den Weiden zählen – ihre Hybriden (Kreuzungen) eingerechnet – über 400 Arten. Bei uns sind an die zwölf davon weiter verbreitet. Bekannt sind die Sal-, Silber-, Reif-, Korb- und Trauer-Weide, alle mit eigener Ausprägung und unterschiedlichen Blatt- und Wuchsformen. Allen gemein ist die Bevorzugung feuchter Böden. Oft trifft man sie als Ufergehölz an Bach- und Flussläufen. Weiden sind schnellwüchsig und besitzen ein leichtes Holz. Ihre Rinde ist durch oft sehr unterschiedliche Farben geprägt.

Jedem Kind sind die Palmkätzchen bekannt, die im Frühjahr noch vor den Blättern austreiben. Ihrem pelzigen weichen Wesen verdanken sie ihren poetischen Namen. Die Zweige der Korb-Weiden sind sehr elastisch und dienen als Ausgangsmaterial für die Waren der Korbmacher. Die Weide ist ein sehr widerstandsfähiger Baum. Weidenstecklinge schlagen Wurzeln und entwickeln sich zu eigenständigen Bäumen (vegetative Vermehrung). Steter Rückschnitt lässt den Stamm in die Breite wachsen und treibt immer wieder neue Zweige. Dadurch entstehen ganz skurrile Charaktere, wie im Übrigen gerade Korb-Weiden durchaus respektable Stammumfänge erreichen. Bei einer umgestürzten Weide werden aus den bodenberührenden Ästen bald Wurzeln. Aus dem Stamm treiben frische Zweige aus.

Die rasch wachsende Überlebenskünstlerin wird selten höher als 25 Meter. Ihre Lebenserwartung beträgt im Normalfall nicht mehr als zweihundert Jahre.

Ich verbinde mich mit der Kraft des Baumes – sie schwingt in mich über und ich bin im Einklang mit der Natur.

Weide in Frauenfeld, Schweiz

Die Silber-Weide eignet sich unter den zahlreichen Weidenarten am besten für das Flechten der jungen elastischen Zweige. Auch dieses Exemplar wurde, wie die meisten Weiden, jährlich geschnitten und entwickelte seinen Wuchs zu einer typischen Kopfweide. Sie lebt auf einem freien Feld in der Nähe eines naturgeschützten Auwäldchens und wird offenbar seit vielen Jahren nicht mehr gestutzt. Da ihr Stamm hohl ist, wird sie das Gewicht der Starkäste, die immer größer werden, nicht auf Dauer tragen können. Durch das frühere regelmäßige Schneiden hat sie eine andere Stammstatik entwickelt und ist für eine hohe Krone nicht geeignet. Ihr breiter Stamm erzählt die Geschichte der beiden Jahrhunderte, die sie wohl alt sein wird. Sie ist damit schon an die obere Grenze des Weidenlebens gelangt. Trotz allem verblüfft sie mit einer vitalen Krone und einem unglaublich vehementen Austrieb. Das könnte ihr helfen, noch viele Jahrzehnte älter zu werden und vielleicht einmal den Altersrekord für Weiden aufzustellen.

Standort:	Frauenfeld, Thurgau, Schweiz; im Feld außerhalb des Ortes, Richtung Fluss
Geodaten:	47°34'04,3" N + 08°52'21,7" O, auf 395 m
Stammumfang:	ca. 1000 cm, hohler Stamm
Höhe, Krone:	ca. 12 m, 10 m Umfang der Krone
Alter:	ca. 200 Jahre; Referenz: Michel Brunner

Die Starkäste haben eine grobe Borkenstruktur und sind mit Moosen und Flechten überwachsen. Überall treiben Zweige und Ästchen hervor, die Krone ist blickdicht.

Die urwüchsige Borke gibt dem Baum ein Gesicht. Sie erzählt von vielen Jahren und erinnert an eine erstarrte Lavamasse.

Mit vitaler dichter Krone und tausenden Trieben wirkt die alte Weide sehr lebendig. Ihr massiger, kurzer Stamm verweist auf ihre Nutzung als Kopfweide über viele Jahrzehnte hinweg.

Weiden bei Maschwanden, Schweiz

Das Naturschutzgebiet entlang des Flusses ist Schilf- und Streugebiet mit zahlreichen Kopfweiden. Es wurde noch vor Jahren intensiv bewirtschaftet und wird nun als Naturjuwel bewahrt und behütet. Die Weiden haben zum Teil massige Stämme und obskure Wurzelformen entwickelt. Einige davon sind um die 150 Jahre alt. Bei meinen Erkundigungen hat mir ein sehr engagierter Landwirt seine Aufgabe zur Erhaltung dieser Auen erklärt und war sichtlich stolz auf dieses reizvolle, ursprüngliche Kulturland. Dieses zu bewahren ist seine und auch unser aller Aufgabe. Es gibt hier auch ein Betretungsverbot!

Standort:	Hünenberg, Kanton Zug, Schweiz; Matschells-Allmende Au, bei Maschwanden
Geodaten:	47°13'58,6" N + 08°24'50,6" O, auf 390 m
Stammumfang:	ca. 750 cm, hohl, geschnittene Kronenäste
Höhe, Krone:	ca. 8 m
Alter:	ca. 150 Jahre

214

Stammreste, Rindenüberwallungen und Wurzeln bilden ein bizarr wirkendes Formenspiel, das an bewegliche Fangarme erinnert.

215

Wahrscheinlich sieht diese Au bereits seit Jahrhunderten so aus. Überall Schilf und Ufergebüsch, dazwischen die zum Teil stattlichen Kopfweiden. Naturschützer bewahren die urige Kulturlandschaft.

Als wäre ein runzliger Elefantenkopf eingegraben worden. Die Natur bietet eine unerschöpfliche Fülle von Formen und Gestalten. Diese Weide ist mir gleich in die »Augen« gesprungen.

Weide bei Aldingen, Deutschland

Eine stattliche Silber-Weide stockt am Arbach-Ufer und verfestigt so mit ihren tiefreichenden Wurzeln den feuchten Uferbereich. Wasser hatte sie stets ausreichend und blieb offenbar von den allzuoft voreiligen Fällabsichten verschont. Die meisten ihrer Artgenossen werden als Kopfweiden gestutzt. Weil ihr dieses Schicksal erspart blieb, durfte sie zu einer »normalen« Weide mit stattlichem Stamm und beachtlicher Krone heranwachsen. Sie schaut kerngesund aus und ist eine der wenigen Ausnahmen in ihrem Alter.

Standort:	Aldingen, Kreis Tuttlingen, Baden-Württemberg, Deutschland; Richtung Spaichingen, am Obstlehrpfad ab der B14
Geodaten:	48°05'39,7" N + 08°44'32,2" O, auf 700 m
Stammumfang:	ca. 850 cm
Höhe, Krone:	ca. 10 m, massiv
Alter:	ca. 200 Jahre
	Referenz: Ullrich, Kühn (Deutsches Baumarchiv)

Weide vor Nenzing, Österreich

Diese knorrige Weide steht neben der Walgau-Autobahn in einem Feld, das vornehmlich den Kühen vorbehalten ist. Sie wirkt schon sehr alt, die Kronenspitze ist inzwischen abgestorben und ein Pilz hat ihren Stamm erobert. Sie hätte womöglich Kraft, sich dagegen zu wehren, aber ihre Rinde ist schon stark beschädigt und die Bodenverdichtung durch das Vieh verhindert, dass sie ausreichend Regenwasser bekommt. Sie wird dennoch kämpfen und Überlebensstrategien entwickeln. Mit etwas menschlicher Unterstützung wird ihr das auch gelingen.

Standort:	Nenzing, Vorarlberg, Österreich; im Feld neben der A 14
Geodaten:	47°11'49,8" N + 09°41'13,0" O, auf 490 m
Stammumfang:	ca. 500 cm
Höhe, Krone:	ca. 15 m hoch
Alter:	ca. 150 Jahre

Weide in Gaissau, Österreich

Kopfweiden sind in manchen Regionen Europas ein gewohntes Bild. Seit früher Zeit wurden die Äste und Zweige regelmäßig geschnitten und zum Korbflechten und für die Viehstreu verwendet. Die Weiden vertragen diesen Zuschnitt gut und entwickeln dabei nicht selten enorme Stämme. Leider werden Weiden, vor allem durch ihren schnellen Wuchs und durch das weiche leichte Holz, zumeist nicht sehr alt. Sie wachsen überaus schnell. Diese Kopfweide bei Gaissau im Rheindelta nahe dem Bodensee besitzt einen der stärksten Stämme aller bekannten Weiden, wohl auch, weil dieser völlig hohl ist und durch die Starkäste auseinandergezogen wird. Sie gilt als »Weltrekordbaum« bei den Silber-Weiden. Hoffentlich bleibt sie uns noch einige Jahrzehnte erhalten. Geschnitten wird sie nicht mehr, dafür ist sie ausgewiesen und geschützt.

Standort:	Gaissau, Vorarlberg, Österreich; von Bregenz Richtung Schweizer Grenze, vor Gaissau
Geodaten:	47°30'34,3" N + 09°36'21,3" O, auf 400 m
Stammumfang:	ca. 1150 cm, dreiteiliger Stamm, hohl
Höhe, Krone:	ca. 10 m, 15 m, typischer Kopfweiden-Schnitt
Alter:	ca. 150 Jahre

Eine Stammöffnung bis zum Boden wirkt wie ein Tor zum Eintritt in die Innenwelt des Baumes. Die Weide hat viele Verletzungen mit Rinde überwallt.

Der völlig ausghöhlte Stamm bietet einen idealen Kletter- und Spielplatz. Aus einer solchen Sicht werden am ehesten die enormen Ausmaße des Baumstammes begreiflich.

Die Silber-Weide ist eine wuchtige Gestalt mitten im flachen Uferried. Als würde ein dicker Holzkopf tief im Boden stecken.

Weiden am Wasser

An der österreichischen Seite des Bodensees, in Vorarlberg, gibt es – dank vorausschauender Menschen – längere Abschnitte naturbelassenen Ufers. Schilfgürtel und Auwälder haben sich so erhalten können und bilden einen wichtigen, zum Teil geschützten Lebensraum für viele Vögel und wasserliebende Tiere. Hier, nahe Bregenz, lebt diese Weide. Sie bietet ein besonderes Schauspiel für eine perfekt angepasste Lebensweise. Ihre freistehenden Wurzeln, die sich tief im Uferkies vergraben haben, gleichen den Tentakeln eines Kraken. Sie steht förmlich auf Stelzen und kann damit bestens auf das Hochwasser des Sees reagieren. Oftmals dauert der hohe Wasserstand wochenlang an und die Weide trotzt dem viel zu nassen Standort behende und souverän. Mit einem Stammumfang von rund drei Metern wird sie kaum älter als 80 bis 100 Jahre sein.

Vor allem im Frühjahr, wenn starke Regenfälle und Schmelzwasser aus den Bergen den Bodensee manchmal mehr als einen Meter ansteigen lassen, werden die Lebensbedingungen schwer.

Die freistehenden Stelzenwurzeln vertragen Wasser und Luft, sie haben sich durch eine besondere Rindenhaut geschützt. Ihre Wurzeln musste die Weide allerdings sehr tief in den Uferkies vergraben.

222

Unglaubliche Vielfalt

Rinden, Formen und Farben sind unter den Weiden so vielfältig wie bei keiner anderen Baumart. Alle Arten sind schnellwüchsig und wasserliebend. Und fast unbegreiflich lebenstüchtig.

223

Rinde einer alten Silber-Weide. Man kann eine Zopfstruktur erkennen. In den tiefen Furchen der Borke lebt eine Vielzahl von Insekten. Weiter oben findet sich sogar ein Hornissennest.

Zirbe

Arve *(Pinus)*

Die Zirbe unterscheidet sich von der Kiefer durch ihre in Fünferbündeln gefassten Nadeln – bei der Kiefer finden sich nur zwei Nadeln nebeneinander. Bestens angepasst an ihren hochalpinen Lebensraum ist sie sehr witterungsbeständig, kälteresistent und zäh. Diese Eigenschaften ermöglichen ihr ein Wachstum bis in eine Höhe von 2500 Metern über dem Meeresspiegel. Ihre Höhe erreicht selten ein Maß über 25 Metern. Manchmal beträgt die Wachstumsperiode im hochalpinen Gelände nur zwei Monate im Jahr.

Die Zirbe wächst sehr langsam und erreicht daher ein hohes Alter. Bis zu eintausend Jahre Lebenszeit werden ihr zugeschrieben. Sie gedeiht in lockeren Baumverbünden, deren Umgebung häufig mit Latschen, Wacholderstauden, Heidelbeerpflanzen und Krautschichten durchsetzt ist. Die Samen in den Zirbenzapfen sind eine willkommene Nahrung für viele Wildtiere, etwa für den Tannenhäher.

Ihr reich strukturiertes Holz ist stark harzhaltig und duftet noch Jahre nach der Verarbeitung zu Möbeln. Die ätherischen Duftstoffe wirken beruhigend und heilend. Selbst in der Weite der Natur ist der herrliche Zirbenduft gut zu riechen. Leider wurde die so langsam wachsende Zirbe in vielen Gebieten beinahe gänzlich abgeholzt, ohne für eine entsprechende Nachpflanzung zu sorgen.

225

224

Die wertvolle Zirbe:
unbeugsamer Wille zu wachsen, zu wurzeln, zu sein.

Zirben mit über vier Meter Stammumfang sind eine Rarität. Dass sie diese Dicke auf dieser Höhe schaffen, ist bisher weitgehend unbekannt und verblüfft selbst Baumexperten.

227

Zirben über Hochgurgl, Österreich

An der Passstraße zum Timmelsjoch, weit hinten im Ötztal in Tirol, stehen 15 uralte Zirben (Arven) fast unbemerkt vom starken Reiseverkehr. Sie leben weit über der Waldgrenze auf 2200 Metern. Diese Baumgreise sind über 500 Jahre alt, wachsen pro Jahr manchmal nur um wenige Millimeter oder zuweilen gar nicht und setzen sich erfolgreich gegen Kälte, Schnee oder Lawinen durch. Eine fantastische Leistung dieser einzigartigen Geschöpfe (siehe auch nächste Seite).

228

229

Zirben über Hochgurgl, Österreich

Unzählige Motorradfahrer nutzen die Sommermonate, um über das Timmelsjoch von Italien nach Tirol zu wechseln. Nur wenige Meter neben der Pass-Strasse, weit über der Fichten- und Lärchenwaldgrenze und in einer Region, wo sonst nur Wacholder und wenige Latschen gedeihen, stocken 15 Altzirben wie Wachtürme am Berghang. Auf den ersten Blick glaubt man diesem Naturschauspiel nicht. In dieser Höhe liegt der Schnee oft über acht Monate und trotzdem schafften es diese Bäume, weit mehr als 500 Jahre alt zu werden. Der Boden ist karg und felsig, die Wurzeln werden von ihnen meterweit in Felsspalten und Ritzen getrieben. Angesichts solcher Kraft und Energie wird man still und demütig. Die Bäume werden kaum beachtet, sogar Schafe weiden dort und fressen an den Rinden der greisen Wesen. Inzwischen sind sie als Naturdenkmale ausgewiesen. Sie sind hier – wie mir ein Schafhirte aus Südtirol erzählt – schon immer gewesen und werden wohl auch ihn überdauern. Allerdings ist mir ein sichtbarer Schutz dieser Zeitzeugen nicht aufgefallen und ist doch dringend erforderlich.

Standort:	Hochgurgel, Ötztal in Tirol, Österreich; Pass-Straße zum Timmelsjoch, nähe Mautstelle
Geodaten:	46°54'15,7" N + 11°03'09,5" O, auf 2200 m
Stammumfang:	ca. 430 cm, vollholziger Stamm mit breiter Wurzelbasis
Höhe, Krone:	ca. 20 m
Alter:	ca. 500–700 Jahre

230

231

Da der Boden zum Teil nur wenige Zentimeter tief ist und der Baum in den sehr steilen Hängen eine tiefe Verankerung braucht, entstehen riesige Wurzelgebilde von bis zu acht Metern Breite.

Unter härtesten Bedingungen haben sich diese Zirben durchgesetzt. An einem Baumstumpf konnte ich die Jahresringe zählen: fünf bis zehn Ringe pro Zentimeter. Ein extrem langsames Wachstum!

Zirbe auf der Riederalp, Schweiz

Vor dem riesigen Aletschgletscher hinter der Riederalp zieht sich ein beachtlicher und geschützter Hochgebirgswald mit Lärchen, Zirben und Kiefern entlang. Dort stehen einige alte Bäume, die mitunter in sehr steiler Hanglage leben. Diese Zirbe hat schon manch Unwetter und auch Blitzeinschlag überlebt und zeigt mit ihrem unbändigen Lebenswillen dem harten Gebirgsklima ihre kalte Schulter. Eine Leistungsschau der Extraklasse. Durch den Rückzug des Gletschers kann sich der Wald langsam noch oben ausbreiten.

Standort:	Riederalp über Mörel, Kanton Wallis, Schweiz; von Bergstation Hohfluh Wanderweg Aletschwald
Geodaten:	46°23'35,5" N + 08°02'19,7" O, auf 2180 m
Stammumfang:	ca. 420 cm, massiv
Höhe, Krone:	ca. 10 m hoch
Alter:	ca. 400 Jahre

Zirbe bei Schröcken, Österreich

Im Bregenzer Wald, der ganz hinten an den Arlberg grenzt, gibt es kaum noch Zirben. Hier allerdings hat sich ein lockerer Zirbenwald ansiedeln dürfen. Er mag im Durchschnitt kaum über 100 Jahre alt sein. Einige Zirben leben allerdings schon länger hier und diese, auf einer schönen Aussichtsplattform, ist eine der ältesten. Sie ist kerngesund und hat einen ebenförmigen, dichten Wuchs. Jährlich wachsen die Äste um zehn Zentimeter, der Stammumfang um einem Zentimeter. Wenn der Mensch es ihr vergönnt, könnte sie noch dreimal so alt werden.

Standort:	Hochkrummbach bei Schröcken, Vorarlberg, Österreich; auf Passhöhe Richtung Körbalpe
Geodaten:	47°15'36,5" N + 10°07'53,7" O, auf 1650 m
Stammumfang:	ca. 300 cm
Höhe, Krone:	ca. 8 m hoch
Alter:	ca. 250 Jahre

Zirbenlicht

Weit oben am Arlberg herrschen Hochgebirgsverhältnisse. Die schneefreien Monate zwischen Juli und September erlauben nur kurze Wachstumsperioden. Im schattigen Stierlochtal nahe Lech lebt seit vielen Jahren diese perfekt gewachsene Zirbe. Sie fußt an einem kargen Hang im felsigen Gelände und es verwundert fürwahr, wie sie überhaupt an Nährstoffe gelangen kann. Dieses Geschöpf wächst sehr bedächtig und obwohl es ein jugendliches Aussehen hat, zählt das Alter gewiss weit mehr als 200 Lenze.

Wurzel, Fels und Stein verbinden sich, werden zu festen und gut haftenden Strukturen am Bergeshang. Darin können sich wiederum Moose, Flechten und Pflanzen festhalten und Lebensraum gewinnen.

Das letzte Abendlicht erhellt nur wenige Augenblicke den einsam lebenden Zirbenbaum, bevor die kühle Nacht hereinbricht.

235

Ein mannigfaltiges Abbild der
Lebensgemeinschaften
im natürlichen Miteinander
und Voneinander.

Wälder

Lebensräume

Der Wald ist die Heimat unzähliger Pflanzen und Tiere. Er ist die grüne Lunge der Erde, Wasser- und Energiespeicher, bietet Schutz und liefert Holz. Darüber hinaus ist er Arbeitsplatz und ein Raum für Erholung wie für Rückzug und steht gerade in der deutschsprachigen Kultur für eine eigene Gefühlswelt, für Seele und reine Ursprünglichkeit. Wald ist eine unverzichtbare und allen gemeine Lebenswelt. Überhaupt ist die Urform unserer mitteleuropäischen Landschaft der Wald. Ohne menschliche Eingriffe wäre das Herz Europas zum Großteil ein einziger Eichen- und Buchenwald. Heute bedeckt Wald rund ein Drittel der Landesfläche von Deutschland und der Schweiz, und etwa 45 Prozent von Österreich. Der Anteil der Schutzwälder, die vor Muren- und Lawinenabgängen schützen und nicht bewirtschaftet werden, beträgt in den Alpenländern rund 20 Prozent der Waldflächen. In früheren Zeiten war dieser Anteil aufgrund unkontrollierten Raubbaus und rücksichtsloser Zersiedelung schon weitaus geringer.

Wälder finden wir in Ebenen wie in Hügellandschaften, in den Augebieten entlang der Flüsse wie hoch oben in der alpinen Bergwelt, in Schluchten und engen Tälern wie an Hängen. Bis auf eine durchschnittliche Meereshöhe von 1800 bis 2100 Metern sind sie die Lebensform, die die Landschaft am meisten prägt. Die allermeisten heutigen Wälder indes, mögen sie uns auch noch so ursprünglich erscheinen, sind Kulturwälder. Sie sind bereits seit Jahrhunderten mehr oder weniger vom Menschen geprägt, geformt, verändert, zu seinem Nutzen »kultiviert« worden. Jahrhundertelang lebte sogar der Großteil der Bevölkerung vom und mit dem Wald. Das hat sich aber im Lauf der Zeit dramatisch gewandelt.

Seit etwa 100 Jahren nimmt nun der Anteil an Wald an den Landesflächen in Mitteleuropa wieder zu. Der Flächenanteil, den dabei Urwälder bei uns einnehmen, liegt bei ein bis drei Prozent der Waldfläche, je nach Erhebungsmethode. Urwälder sind Waldgesellschaften, in die der Mensch so gut wie nicht eingreift, Waldgebiete, die völlig sich selbst überlassen sind. Häufig sind es Wälder, die in Naturparks oder Naturschutzgebieten stehen, auch in Auenlandschaften oder besonderen Berggebieten. In der Schweiz gibt es mittlerweile die ganz konkrete Zielsetzung, den Urwaldanteil bis zum Jahr 2030 auf zehn Prozent zu steigern. Überall in Mitteleuropa werden die Bemühungen stärker, Voraussetzungen für Urwald zu schaffen – für einen Wald, der sich ohne menschliches Zutun selbst erhält und reguliert und einer Vielzahl von oft vom Aussterben bedrohten Arten Lebensraum bietet. Doch noch immer gilt gleichzeitig: Durch den Flächenbedarf für Siedlungen, Industrie, Energieanlagen oder die Verkehrsinfrastruktur fallen Entscheidungen bei Weitem nicht immer für den Erhalt oder Schutz der Wälder aus.

Urwald ist echte Wildnis. Längst hat der moderne Mensch verlernt, damit umzugehen. Doch das Verständnis für den Erhalt und den Ausbau von Schutzgebieten wächst vielleicht gerade deswegen. Umweltkatastrophen, die Abhängigkeit von anderen Rohstoffen und das Thema erneuerbare Energien sind Wegbereiter, die ein Umdenken im Volk ermöglichen können.

236

Der Begriff Nachhaltigkeit hängt ursprünglich mit der Waldwirtschaft zusammen. Er wurde erstmals in einem Leitsatz des aus dem Erzgebirge stammenden Oberberghauptmannes Carl von Carlowitz sinngemäß folgendermaßen formuliert: »Es soll dem Wald nicht mehr Holz entnommen werden, als wieder nachwächst!« – Der auch heute noch revolutionäre Gedanke ist bereits 300 Jahre alt.

Der Nutzen eines Waldes ist ein Generationen verbindendes Thema. Denn in der Regel ist es nicht der Pflanzende, der das Geld aus der Holzbringung verdient. Nur die schnell wachsenden Fichten und Pappeln erreichen innerhalb eines Lebensalters, bereits nach 50 bis 70 Jahren, die Hiebreife. Der durchschnittliche Wald benötigt mindestens 100 Jahre, bis das Holz zur Verfügung steht.

Es ist also mit der Auswahl der Arten für eine Aufforstung und mit der Anlage eines Waldes insgesamt eine hohe Verantwortung verbunden. Oft genug wurde der vermeintlich rasche Gewinn schnell wachsender Baummonokulturen durch Schädlingsbefall und Stürme ins Gegenteil verkehrt. Auch die Erosion der Böden, die Gefahr von Hochwasser und die Verarmung der Artenvielfalt waren und sind die Zeche, die letztlich alle zahlen. Die moderne Forstwirtschaft bemüht sich zum Glück immer mehr, nachhaltig zu sein und ihre Ziele möglichst schonend zu erreichen.

Von den bei uns heimischen etwa 70 Baumarten sind gegenwärtig zehn weit verbreitet und in den letzten Jahrhunderten bewusst verstärkt gezogen worden. Die eigentlich natürlicherweise dominierenden Buchen- und Eichenmischwälder sowie die Linde sind dabei weit ins Hintertreffen geraten. Nicht umsonst wurden die »alten Buchenwälder« Deutschlands in das UNESCO-Weltnaturerbe aufgenommen. Nur knapp zehn Prozent der in den letzten 60 Jahren angelegten Jungwälder sind mit Buchen bestückt.

In der Schweiz hat man den Nutzen nachhaltiger, artenreicher Wälder schon früher erkannt und entsprechend reagiert. Kahlschlag und Monokultur sind hier verboten. Erste Erfolge im Schutz vor Umweltkatastrophen sind bereits spürbar. Im restlichen Mitteleuropa dagegen gilt das wirtschaftliche Hauptaugenmerk nach wie vor den schnell wachsenden Holzarten: Satte 50 Prozent des Waldbestandes bilden Fichten und Kiefern. Hoffentlich dauert das Umdenken und Handeln für eine nachhaltige Bepflanzung nicht so lange wie ein Baumleben. Das könnte zu lange sein.

237

Wald und Wild

Im Vergleich mit dem natürlichen Zustand sind Waldgesellschaften schon lange aus dem Gleichgewicht geraten. In den allermeisten Regionen Mitteleuropas gibt es keine größeren Raubtiere mehr, die für natürliche Verhältnisse zwischen Räubern und Gejagten sorgen würden. Die großen Räuber – Braunbär, Wolf, Luchs – wurden fast gänzlich ausgerottet. Ihren Part musste also der Mensch selbst durch die Jagd übernehmen, damit der Bestand der sich von der Vegetation ernährenden Rehe oder Hirsche reguliert wird.

Es gibt verschiedene **Jagdmotive**: die Regulation der Rehe, Hirsche oder Wildschweine im Sinne des Waldschutzes, natürlich auch die Beschaffung von Fleisch oder der Wunsch nach Trophäen wie etwa eindrucksvollen Geweihen von Hirschen. Das Recht zur Jagd verpflichtet dabei immer auch, die betreffenden Wildtiere zu hegen. Allerdings kann eine zu starke Form der Hegejagd, die die Populationen der jagdlich interessanten Tiere zu hoch hält, für den Wald unverträglich sein. Auch kann in diesem Fall die Population der Wildtiere selbst leiden, weil ihr Lebensraum übernutzt wird und nicht mehr alle Tiere ausreichend ernähren kann. Wenn dann die Selektion nach natürlichen Kriterien – Ausschluss aller kranken oder schwächlichen Tiere – nicht mehr gewährleistet ist, vermehren sich neben den kräftigsten und gesündesten Tieren unter Umständen auch weniger vitale.

Die Jagd erwirtschaftet – durch Pacht, Abschussprämien oder Jagdtourismus – zwar auch Geld, das wieder dem Wald zugute kommt: etwa um neu aufzuforsten, wenn Waldstücke als Schutzbarriere geschwächt sind. Doch werden durch die Einnahmen die Kosten nicht gedeckt. Das bedeutet, dass zusätzliche Maßnahmen zum Schutz gegen Muren- und Lawinenabgänge oder Hochwasser anfallen. Natürliche oder naturnahe Schutz- und Bannwälder dagegen verjüngen sich selbst, solange der Verbiss durch Rehe oder Hirsche nicht zu groß ist. Sie schützen einen Großteil der gefährdeten Siedlungen und Verkehrswege dauerhaft und kostengünstig. In den vergangenen Jahrzehnten wurden diese Erkenntnisse immer breiter anerkannt. So hat sich vor allem im alpinen Bereich ein entsprechendes Verständnis von Jagd durchgesetzt. Eine möglichst der ökologischen Funktion der Raubtiere entsprechende Jagd ist also wichtig und notwendig, seitdem die natürlichen Feinde des Wildes ausgerottet sind. Die Jäger übernehmen damit eine verantwortungsvolle Aufgabe, um Wildverbiss in bestimmten Grenzen zu halten.

Vom **Wildverbiss** am meisten bedroht sind die jungen Triebe der Laubbäume: von Eiche, Buche, Vogelbeere und Ahorn. Unter den Nadelbäumen ist die Weiß-Tanne beim Wild beliebt, Fichten und Kiefern dagegen werden eher verschmäht, solange anderes Futter vorhanden ist. Bei Verbiss bilden die Nadelbäume rascher neue Triebe, vor allem auch Stammtriebe. Diese Eigenschaften trugen in der Forstwirtschaft ebenso dazu bei, solche Arten zu bevorzugen.

Einen Eindruck vom Einfluss des Wildbestandes auf die Vegetation geben die amtlichen Auswertungen und Zahlen. Um die Größe einer Rotwildpopulation einzuschätzen, muss man wissen, dass die Abschusszahlen etwa bei einem Drittel des Bestandes liegen. Wenn in Österreich jährlich etwa 50 000 Hirsche und 250 000 Rehe erlegt werden, bedeutet das, dass es dort ungefähr 150 000 Hirsche und 750 000 Rehe gibt. In Deutschland werden etwa 76 000 Hirsche und 1 190 000 Rehe zur Strecke gebracht, in der Schweiz etwa 9000 Hirsche und rund 40 000 Rehe. Ein Reh kann an einem Tag zwei bis vier Kilogramm, ein Hirsch acht bis – im Extremfall – 20 Kilogramm Blätter, Zweige und Knospen fressen. Je nach Menge der geschossenen Tiere verändert sich also der Druck auf den Wald durch Wildverbiss erheblich nach oben oder unten.

Seit einigen Jahren gilt in manchen Gegenden der Grundsatz »Wald vor Wild«, in anderen, in denen Forst und Jagd gut zusammen arbeiten, auch wieder »Wald und Wild«.

Dieser Grundsatz plädiert für ein möglichst den natürlichen Verhältnissen nahekommendes und gedeihliches Miteinander von Wald und Wild. Doch gilt er nicht für alle Wälder. Oftmals wird zwischen Bannwald mit seiner Schutzfunktion und Nutzwald unterschieden. Wo der Nutzwald und die Holzbringung erstrangig sind, wird sich nach wie vor kein standortbeheimateter Wald entwickeln dürfen. Selbst unter der Annahme einer auf Nachhaltigkeit und Ökologie ausgerichteten Grundhaltung stehen mehrheitlich noch die Monokulturen im Privatwaldbereich im Vordergrund. In Wäldern der öffentlichen Hand allerdings hat sich dieser einstige Grundsatz inzwischen größtenteils auf eine natürliche Waldbegründung und standortbeheimatete Mischwaldgesellschaften zubewegt. Ein Ansatz dafür ist der jährliche Vergleich von Verbissschäden mit den durch Förster und Jäger gemeinsam festgelegten Zielen der Waldpflege. Diese Herangehensweise ist bisher meist aus Wildparks und Staatsforsten bekannt.

Eine Sache erschwert oftmals die praktische Umsetzung: Das bürokratische Übermaß an Zuständigkeiten, Gesetzen und Verordnungen ist schlichtweg erschreckend und dient nicht dem Ziel der Naturerhaltung. Die Lösung könnte die Einrichtung einer übergeordneten und von Einzelinteressen unabhängigen Waldbehörde sein, die die Bedürfnisse des Waldes wahrnimmt und auch durchsetzen kann. Eine solche Einrichtung wäre dann auch die Sammelstelle für das vielfältige Erfahrungswissen über unsere Wälder. Darauf beruhend, könnten die Verantwortlichen – man könnte auch sagen, die Wald-Umsorger und -Pfleger – Zielsetzungen für eine gesunde, wertvolle Waldstruktur erarbeiten und umsetzen.

Einzelne Bemühungen beweisen, wie erfolgreich eine solche unabhängige und waldverbundene Haltung ist. In Vorarlberg läuft bereits seit 30 Jahren ein solches Projekt. Aus den gesammelten Erfahrungen könnten die Verantwortlichen in anderen Regionen lernen. Seit Mitte der 1990er-Jahre gibt es in Österreich das Projekt *Naturwaldreservate*, das vom *Bundesforschungszentrum für Wald* entwickelt wurde. Auf die Erkenntnisse der nachhaltigen Waldwirtschaft gestützt, wurden immerhin 40 000 der 860 000 Hektar der im Besitz der Bundesforste stehenden Kerngebiete der Wälder unter strengen Schutz gestellt. Sie können sich jetzt weitgehend ungestört zu urwaldähnlichen Waldgesellschaften entwickeln. Vergleichbare Projekte gibt es in der Schweiz und in Deutschland. Nachfolgende Generationen werden es danken …

239

240

241

Leben in Gemeinschaft – Waldgesellschaften

Menschen brauchen die Gemeinschaft – sie schaffen sich eine soziale Umwelt. Die Lebensweise ist überall auf der Erde gleich oder zumindest ähnlich. Auch die Behausungen oder die Grundnahrungsmittel sind ähnlich. Bei Bäumen ist das nicht viel anders. Auch sie bilden eine Art Gesellschaft, eine Waldgesellschaft.

Fachleute unterscheiden die verschiedenen **Waldtypen** nach der Krautschicht, den am Waldboden lebenden Pflanzen. Von ihnen schließen sie auf die Eigenschaften des Untergrundes und können auf diese Weise »standortbeheimatete« Bäume definieren: jene Baumarten also, die ohne den Eingriff des Menschen an einem bestimmten Standort am besten gedeihen. So gibt es ganz natürlich Eichen-Buchenwälder, Fichten-Buchenwälder, Kiefern-Tannenwälder oder Lärchen-Zirbenwälder. Entscheidende Standortfaktoren sind neben der Bodenqualität auch die Höhenlage, das vorherrschende Klima und die Ausrichtung des Geländes.

Sowohl in den Ebenen als auch in den Bergen Mitteleuropas bildeten sich nach der letzten Eiszeit vor etwa 12 000 Jahren sehr artenreiche Wälder, daneben auch Moore und Schwemmgebiete. Mit dem Auftreten des Menschen änderte sich dieses Bild langsam. Der sich kulturell weiterentwickelnde Mensch benötigte im Lauf der Jahrtausende für sich und seine Lebensgrundlagen immer mehr Holz und Freifläche. Die Urbarmachung von Ackerflächen, der Bau von Siedlungen, die Haltung von Vieh und die immer wichtiger werdende Rolle von Verkehrswegen sorgten für eine nachhaltige Veränderung der Landschaft. Diese Entwicklung hält noch immer an.

242

Ohne die Eingriffe des Menschen wären in Mitteleuropas Ebenen die **Buchen- und Eichenwälder** vorherrschend, die Bergwälder wären von **Tanne, Fichte, Kiefer und Lärche** sowie bestimmten Mischwäldern geprägt. Doch durch den größer werdenden Bedarf an Holz wurden mehr und mehr Wälder »kultiviert« – wobei der Vorzug den schnell wachsenden, geraden und recht anspruchslosen Fichten und Kiefern gegeben wurde, über viele Jahrhunderte hinweg. Die Fichte bietet den höchsten Holzertrag und wurde zum »Brotbaum« des Volkes. Damit entstanden vielfach zwar standortgemäße Wälder – wenngleich aber keine standortbeheimateten.

Flachwurzler wie die Fichte sind in Hanglagen immer im Nachteil. Besonders bei Starkwind oder Muren- und Lawinenabgängen tritt das deutlich und unübersehbar vor das Auge. Auch ist in Fichtenforsten der Boden in der Regel nicht tief, was die Fähigkeit, Wasser zu speichern, wesentlich einschränkt. Großflächige Monokulturen machen solche Kulturforste überdies auch anfällig für Invasionen von »Schädlingen« wie den Borkenkäfer, auch für Pilzbefall sowie für Umweltkatastrophen und extreme klimatische Ereignisse.

Ein Quadratmeter Boden eines gesunden Bergmischwaldes speichert durchschnittlich rund 110 Liter Regenwasser, das er nach und nach abgibt. In einem Fichtenforst kann dieselbe Fläche Waldboden nur 16 Liter Wasser aufnehmen und zurückhalten.

200 Jahre lang dominierte in der Waldökonomie die Monokultur – trotz vieler langfristiger Nachteile: Statistisch gesehen sind Fichten viermal stärker sturmgefährdet als Tannen und Buchen. Die Eiche widersteht Starkwind sogar achtmal besser als die Fichte. Fichtenforste können sich auch nicht selbst verjüngen. Das führte – auch aufgrund wirtschaftlicher Interessen – dazu, dass immer wieder große Kahlschläge durchgeführt wurden. Ein Kahlschlag ist der radikalste Eingriff in die Waldökologie. Die Folge davon ist immer ein großer Neuaufwand: für arbeitsintensive Wiederaufforstung, teure Schutzzäune gegen das Wild, große Gehege oder das mühsame Auftragen von Verbissmitteln auf die Bäume. Überdies ließ der durch Fichtennadeln übersäuerte Boden kaum eine andere Wahl, als wieder Fichten zu pflanzen. Die an den Standorten ungeeigneten, mageren Lebensbedingungen führten langfristig dazu, dass sich die Wuchsgeschwindigkeit der Fichten um zwei Drittel verlangsamte.

Dabei hätten wir von den teilweise schlimmen Erfahrungen lernen können, die es in den Mittelmeerländern gibt. Noch im frühen Mittelalter waren sie meist flächendeckend bewaldet: Kork-Eichen, Buchen, Akazien, Föhren und Zedern bildeten riesige Wälder. Doch die Hochblüte des Schiffbaus zu Kriegs- und Handelszwecken bewirkte eine massive Abholzung. Allein die Errichtung des auf Holzstämmen gebauten Venedig – die Stämme mussten in den Untergrund der Lagune eingerammt werden – verschlang Unmengen von Bäumen. Die Verkarstung weiter Gebiete und ein Wandel des Klimas waren die Folge. Niemand war damals offenbar in der Lage, die langfristigen Folgen eines solchen Raubbaus richtig einzuschätzen oder gar dagegenzusteuern. Ein Beispiel aus heutiger Zeit: Eine einzige Sonntagsausgabe der New York Times verbraucht den Rohstoff von 63 000 Bäumen pro Woche!

Der standortbeheimatete **Mischwald**, der sich über die Jahrtausende in der jeweiligen Region entwickelt hat und sich laufend selbst verjüngt, ist die idealste Form eines Ökosystems. Die verträglichste Form der Nutzung bildet der sogenannte **Plenterwald**. In ihm stehen mehrere Baumgenerationen nebeneinander. Manch umgefallener Baum wird an seinem Standort belassen und sorgt mit seiner zerfallenden Substanz für eine natürliche Erneuerung des Waldbodens. Er bietet den wichtigen und natürlichen Lebensraum für unzählige andere Pflanzen, für Pilze, Insekten und andere Tiere, auch für die Mikroorganismen, die daraus wertvollen Humus und Nährstoffe hervorzaubern. Wenn man bedenkt, dass das Entstehen einer Waldbodenschicht von einem Zentimeter an die 100 Jahre dauern kann, ringt uns eine 30 Zentimeter starke Humusschicht in einer Hanglage einer bergigen Region unweigerlich Bewunderung ab.

Der Wald ist eine Lebensgemeinschaft, in der die Bäume zwar eine »überragende« Rolle spielen, aber auf ein Miteinander mit anderen Lebewesen angewiesen sind. Wo das Schmalblättrige Weideröschen und der Rote Hasenlattich gedeihen, Lieblingskräuter für Rehe und Hirsche, ist der Waldboden in Ordnung. Andere Kraut- und Staudengewächse, Pilze, Moose und Farne am Waldboden sowie das Buschwerk am Waldrand sind ebenso wichtige Bestandteile dieser Lebensgemeinschaft und bieten Insekten, Vögeln und Säugetieren Heimat und Unterschlupf.

243

Lichter Altlärchenwald bei Saas Fee im Wallis, Schweiz, auf über 1900 Meter. Er gedeiht hier bis auf etwa 2200 Meter.

Der Duft des Waldes

Wer sich durch die verschiedensten Waldgemeinschaften bewegt, nimmt jeweils einen ganz unverwechselbaren Duft wahr: den Wohlgeruch eines dichten Buchen-, lichten Eichen- oder weiträumigen Zirben- oder Lärchenwaldes. Zirbenwälder verströmen den aromatischen Hauch ihrer kräftigen Harze. Ihnen ähneln die Lärchenwälder, deren Nadeln am Boden jeden Schritt elastisch abfedern. Gerade im herbstlichen, sanften Licht der Sonne ziehen sie jede Seele ganz in ihren Bann – ein einzigartiges Erlebnis für alle Sinne. Ganz anders wirkt der Buchenwald. Das lichte, etwas strenge Grau der Stämme über dem Rotbraun des über und über mit Blättern bedeckten Waldbodens nimmt uns gemeinsam mit dem erdigen Aroma des verwelkenden Laubs und dem Geraschel trockener Blätter gefangen. Ganz vielschichtig wiederum ist der Duft eines Bergwaldes aus Fichten und Kiefern mit seinem Boden aus Moos und Nadeln. Nach einem Sommerregen steigen beim Einfall der Sonnenstrahlen lichte Bodennebel auf. Die ganze Umgebung duftet dann nach erdigen Pflanzen, vermischt mit dem Odeur von Pilzen und Waldbeeren. Solche Erlebnisse haben jene, die sich dem Wesen des Waldes völlig öffnen und den Alltag hinter sich lassen.

Mit geschlossenen Augen und tief atmend zu verweilen, ist in seiner Klarheit und Schwingung einzigartig, beruhigend und erholsam. Die reine, duftende Waldluft tut gut, ist gesund und eine Quelle unerschöpflicher Kraft, Energie und Motivation.

Die **Lebensgemeinschaft Wald** bildet ein vielschichtiges, in sich geschlossenes und auf geheimnisvolle Weise harmonisch funktionierendes Miteinander, das Heimat ist für die unterschiedlichsten Lebensformen, die aufeinander angewiesen sind. Dieses gemeinsame Ganze bietet Schutz, Nahrung und Wohlbefinden für zahllose Lebewesen. Das Waldklima sorgt für ausgleichende Bedingungen: Im Sommer ist es dort schattig und kühl, im Winter wärmer als auf Flächen ohne Baumbestand.

Im Organismus Wald gibt es keinen Abfall. Alles hat seinen Sinn, seine Aufgabe, seinen Wert. Nichts geht verloren, alles und jedes hat seinen Platz im ewigen Kreislauf von Wachstum, Leben, Sterben und Erneuern. Ohne menschliche Eingriffe ist der Wald schlichtweg ein einziges, perfekt abgestimmtes Ökosystem. Sinnvoll nutzen können wir ihn nur auf der Grundlage von Erfahrungswissen, Lernbereitschaft und langfristig ausgerichteten Überlegungen.

Auwald

An Flüssen und Überschwemmungsbegieten, an Ufern von Seen und in dauerfeuchten Gebieten haben es verschiedene Baumarten wie Weiden, Erlen, Eichen, Birken und Pappeln hervorragend geschafft, sich an die schwierigen und oft wechselnden Bodenbedingungen anzupassen. Ebenso alle anderen Pflanzen- und auch viele Tierarten, die in diesen Bereichen heimisch sind.

Totholz, umgestürzte Bäume, aus welchen wieder neues Leben sprießt, Schilf, Gräser und dichter Unterwuchs sind typische, wilde und romantische Zeichen für die Lebendigkeit und Fähigkeit des Auwaldes, sich zu erneuern. Da diese Waldform ausgleichend auf die etxreme Überschwemmung und Trockenheit wirkt, sollte sie geschützt und bewahrt und auch wieder angesiedelt werden.

245

Das ist ein Ort, der dem schnellen Herzschlag für einen Moment Ruhe gewährt. Er gibt der scheinbar jagenden Zeit ihr uraltes Maß zurück und schwingt uns ein – ganz kurz, intensiv fühlbar – in den Rhythmus der Ewigkeit.

Ein Abend am Alten Rhein, wo er in den Bodensee mündet. Im Vordergrund die zeitweise überflutete Schilfwiese, in welcher Vögel, Insekten, Frösche und Fische leben.

246

Alter Rhein zwischen Österreich und der Schweiz. Gaissau in Vorarlberg, kurz vor der Mündung in den Bodensee auf 400 Metern Höhe. Weiden, Erlen und Birken vertragen die feuchte Erde und teilweise Überschwemmungen gut. Sie wachsen schnell, werden aber selten über 100 Jahre alt.

Am Bodenseeufer von Österreich. Ein kleines, geschütztes Gebiet, in welchem seit einigen Jahrzehnten nicht mehr in den Wald eingegriffen wird, entwickelt seine urigen und wilden Formen mit umgestürzten Bäumen, Altholz und üppigem Unterwuchs.

Auwald mit Seitenarm der Donau bei Hainburg, Niederösterreich. Südlich von Wien erstreckt sich eine beachtliche und inzwischen geschützte Auwaldregion mit einem üppigen Mischwald und zahllosen Seen und Tümpeln.

Der Kleiber, ein flinker Kletterer, ist ein sehr nützliches Tier. Der brütende Partner wird mit Nahrung versorgt, damit er das Nest und die zu wärmenden Eier nicht verlassen muss. Die beiden haben eine Asthöhle in einer Esche gefunden, etwa fünf Meter über dem Grund. Sicher und für sie problemlos erreichbar.

251

Der Teichfrosch lebt im Wasser und ist in vielen stehenden Gewässern heimisch. Er bevorzugt schattige Plätze und ist ein ausgezeichneter Jäger. Vor allem Insekten und Würmer stehen auf seinem Speiseplan.

252

Seit über hundert Millionen Jahren hat sie ihr Aussehen kaum verändert, wenngleich sie wesentlich kleiner geworden ist. Die Libelle (hier eine männliche Blaugrüne Mosaikjungfer) ist ein Raubinsekt mit den wohl beeindruckendsten Flugfähigkeiten aller Insekten.

253

Der Maikäfer kann epidemieartig auftreten. Vor allem seine Larven, die Engerlinge, die mehrere Jahre in der Erde leben, können dann starke Schäden am Wurzelwerk der Kulturpflanzen hervorrufen.

254

Der Kaisermantel ist ein mittelgroßer, orangefarbener Tagfalter, der ab August auf den blühenden Wiesen und am Waldrand zu finden ist.

Ein Au- und Bruchwald mit Schwarz-Erlen im Montafon, Vorarlberg, auf 700 Metern. Zeitweise führt das Bächlein Hoch- und Schmelzwasser. Sumpfpflanzen haben sich hier reichlich angesiedelt. Erlen und Weiden vertragen auch längere Überschwemmungszeiten. Ihre Flachwurzeln tragen zur Verfestigung des Ufers bei.

255

Die Waldlichtung am Ende des Weges verkündet: Das Ufer ist nahe. In Stille und ungestört dürfen hier Entenfamilien, Wasserpflanzen und Fische leben.

Fast undurchdringlich erscheint dieser kleine Urwald am Bodensee, nahe Lindau. Die Silber-Weiden beschatten den sumpfigen Waldboden, auf dem ein Fortkommen kaum möglich ist. Fauna und Flora führen ein ungestörtes Dasein.

259

Im Haselbachtal nördlich von Linz, Oberösterreich, auf 400 Metern Höhe. Lichter Schwarz-Erlenwald und dichter Farnunterwuchs. Ein- bis zweimal jährlich wird das Gebiet überschwemmt.

260

Am Ill bei Feldkirch, Vorarlberg, Österreich. Seit vielen Jahren gab es keine nennenswerten Überschwemmungen und der früher feuchte Auwald verändert langsam sein Aussehen zu einem Mischwald. Efeu wächst an allen Baumstämmen empor.

Wo immer durch das dichte Blätterdach des Auwaldes Sonnenlicht einfällt, entwickelt sich der Waldboden besonders üppig zu einem grünen Meer unterschiedlichster Pflanzen. Der Farn fühlt sich hier besonders wohl.

Im Frühling erscheint das erste Laub in vielen gelbgrünen Farbvarianten. Der Weg führt hinaus zum Wasser. Blühende Büsche und Bäume begleiten das Ufer und Vögel und Bienen veranstalten ein unüberhörbares Konzert. Die Weiden bekommen sehr frühzeitig ihre Blüten und Blätter.

Die jungen Ahornblätter zeigen in den ersten Frühlingstagen eine herbstähnliche Färbung, nur zarter und frischer. Nach einigen Tagen werden sie grün und beginnen, den Baum zu ernähren.

Blühende Weidenkätzchen im dichten und schier undurchdringlichen Buschwerk. Hier ist es fast dschungelartig.

Eine Eiche, direkt am Ufer eines Auwaldsees im Abendlicht. Die unteren Äste erreichen die Wasseroberfläche und beschatten die Laichplätze der hier lebenden Fische.

Bärlauch überdeckt im Frühling einige Wochen den lichten Boden. Der grüne Teppich wird sich bald verändern und anderen Kräutern und Farnen Platz machen.

Hainburger Au, südlich von Wien, im Oktober, auf 100 Meter Meereshöhe. Hochstämmer wie Weiden, Eichen, Akazien und Erlen mischen sich mit Buschwerk aus Haselnuss, Erlen und anderen Stauden zu einem dichten Geflecht von Ästen und Zweigen.

267

Fast undurchdringlich sind die Äste und Lianen zwischen Bäumen und dem Buschwerk. Ein ideales Versteck für viele Tiere. Wenn regelmäßige Überschwemmungen ausbleiben, verändert sich der Wald. Es wachsen dann Hartholzgewächse und Baumarten mit höheren Wuchsformen.

268

Vogelwelt im Auwald

Die heimische Stockente ist an allen stehenden Gewässern verbreitet. Wasseramseln leben an Fließgewässern mit Naturufern. Dort finden sie Nahrung und Nistplätze. Sie sind heute in vielen Regionen bereits selten.

Schwanzmeisen fühlen sich im Auwald besonders wohl. Der inzwischen vielerorts wieder sesshafte Storch findet seine Nahrung auf Wiesen und feuchten Flächen und Waldrändern. Ein schönes Beispiel für Wiederansiedlung.

Stockenten beim gemeinsamen Grundeln.

Schwanzmeise in »ihrem« Lebensraum.

Wasseramsel mit dem typischen weißen Kehlfleck.

Weiß-Storch auf der Pirsch.

Der weiße Höckerschwan gehört zu den größten heimischen Vögeln. Es gibt wohl kaum etwas Erhabeneres, als ein fliegendes Schwanenpaar, das in vollendeter Harmonie durch die Lüfte gleitet.

Buchenwald

Ursprünglich war der Buchen- und Eichenwald vorherrschend in Europa. Die vielseitige Verwendbarkeit beider Baumarten hat diese Waldformen stark dezimiert. Deshalb sind in Deutschland einige ursprüngliche Buchenwälder unter UNESCO-Schutz gestellt worden. Buchenwälder lassen zumeist keine oder nur wenige andere Baumarten zu, da durch das dichte Blätterdach kaum Licht auf den Waldboden gelangt. Dort aufzuwachsen ist eine große Herausforderung für jegliche Pflanzen. Das Buchenlaub verrottet zwar langsam, bildet aber einen sehr humusreichen Boden. Schattenliebende Moose, Pilze und einige wenige Blattpflanzen leben dort.

Wenn eine Buche sich – etwa in ihrer Lebensmitte – mit ihren Bucheckern massiv fortpflanzen will, stellt sie ihr Wachstum und ihre Nahrungsaufnahme beinahe vollständig ein, bis teilweise Hunderte Jungbuchen am Boden in Manneshöhe gewachsen sind. Ab dieser Zeit beginnt der Konkurrenz- und Überlebenskampf der Jungbuchen untereinander. Wenn dann noch ein stürzender Altbaum eine Lichtschneise in das Laubdach reißt, stürmen die Jungen in die Höhe. Es bleiben nur wenige übrig, die sich zu stattlichen Bäumen entwickeln können. Spätestens dann wächst die Mutterbuche wieder weiter, verdickt sich und vermehrt sich erneut. Ein solches soziales Verhalten war bislang bei Pflanzen unbekannt. Es ist zu hoffen, dass die Buchenwaldbestände überleben und wieder zunehmen werden.

274

275

Belaubt sind die Saiten des Windes, denen eine mystische, beseelte Symphonie entspringt.

In Lungötz bei St. Martin im Tennengebirge, Salzburg, steht ein geschützter alter Buchen-Fichten-Wald, in dem einige Bäume über 300 Jahre alt sind.

Wo Totholz liegen bleiben darf, baut sich nährhafter, gesunder Waldboden auf, entstehen Bodenpflanzen und Pilze und hat der Baumnachwuchs beste Startbedingungen. Das kann Jahrzehnte dauern und erfordert Geduld – die der Mensch oft nicht hat.

»Lammertaler Urwald«

Das hellste Grün des Waldes strahlen im Frühling die Buchenblätter aus. Unter dem dichten Laubdach des Waldes findet nur manchmal ein Sonnenstrahl den Boden. Die Ausrichtung der Blätter und Zweige befördert das Regenwasser in Richtung Stammnähe.

Der Waldbach ist Lebensader für Pflanzen und Tiere. Er kühlt die Waldluft, verbreitet Feuchtigkeit und befördert Nährstoffe. Hier leben zahlreiche Larven, Insekten, Frösche und Fische.

280

Die Schreienden Quellen in der Nähe von Hochfilzen, Tirol, entspringen auf etwa 1200 Meter in einem Buchenwald direkt unter einem moosigen Stein. Nach starkem Regen in den Bergen strömt das Wasser dicht sprudelnd aus dem Berg.

281

282

In Ufernähe gedeihen Moose und Flechten besonders gut. Im humusreichen Untergrund findet fast jede Baumart wertvolle Nahrung. Die alte Buche im Hintergrund hat sich tief und selbstbewusst zwischen die Felsen verankert.

Im Lecknertal, Vorarlberg, an der Grenze zu Deutschland, hat sich ein kleiner, beschaulicher Wald ursprünglich erhalten. Der Bachlauf ist weitgehend wild und darf sich seinen Weg durch die bemoosten Felsen selbst suchen.

Urwald »Heilige Hallen«

Dieses ursprüngliche Buchenwaldgebiet mit nur 25 Hektar liegt in der Nähe des Dorfes Lüttenhagen in der Feldberger Seenplatte nördlich von Berlin. Auf leicht hügeligem Gelände erstreckt sich ein Naturjuwel von seltener Schönheit. Der Buchenbestand ist 250 bis 350 Jahre alt und weist etliche Starkbäume mit riesigen Höhen auf.

In diesem kleinen ursprünglichen Wald stehen die höchsten Buchen Deutschlands. Bis zu 52 Meter hoch strecken sie ihre geraden Stämme zum Sonnenlicht. Immer wieder bricht einer dieser Riesen um und wird als Totholz langsam wieder zu nahrhafter Erde.

287

Naturnaher Buchenwald mit Baumnachwuchs. Fällt ein alter Baumriese um, entsteht ein Loch im Blätterdach. Das ist die Chance für die Jungbäume.

288

Typisch für dichte Buchenwälder ist der laubbedeckte Waldboden, auf dem kaum eine Pflanzenart aufkommen kann. Bei einem nahezu geschlossenen Kronendach fällt nur spärlich Sonnenlicht auf den Boden. Zudem braucht das Buchenlaub sehr lange, um sich in nahrhaftes Erdreich umzuwandeln.

Ein kleiner See mit dichter Grünalgenhaut bietet den Waldtieren kühles Nass – um den Durst zu stillen oder sich zu suhlen und zu baden.

Urwald »Steigerwald«

Ein kleines verstecktes Paradies im Steigerwald. Das Gebiet befindet sich in Franken zwischen Bamberg und Würzburg. Der Naturpark zieht sich weit übers Land. Hier, im Klein Engelein bei Neuhausen, findet man über 300 Jahre alte Buchen, die in rund 45 Meter Höhe ihr dichtes Laubdach ausbreiten. Am Waldboden entsteht neues Leben.

Entlang eines Tales weitet sich der Bestand aus, der sich seit einigen Jahren zu einem urwaldähnlichen Wald verändern darf. Die mächtigen Buchen in einem kleinen Waldstück allerdings leben hier bereits seit 300 Jahren und sind eine echte Sehenswürdigkeit.

Urwaldnaher Buchenwald: Der Nationalpark Hainich in Thüringen in Deutschland ist UNESCO-Weltnaturerbe und wird seit einigen Jahren sich selbst überlassen.

Rund 1400 Hektar geschlossener Buchenwald: Zum Teil 200-jährige Buchen dürfen in Ruhe altern, sich selbst verjüngen und so langsam zu einem Stückchen Urwald werden. Bei meinen Wanderungen durch das ebene Waldgebiet wurde ich begleitet von einer unüberhörbaren Schar von Singvögeln. Hier leben auch Wildkatzen.

Urwald »Hainich«

Der Waldboden wird bedeckt von Stauden und Jungbäumen. Die Wege führen gut beschildert durch weite Teile des Gebietes.

Am Monte Baldo (Pra-Alpesina), oberhalb des Gardasees in Norditalien auf 1450 Metern, wächst ein alter Buchenwald. Er wurde wohl auch als Hute-Weide genutzt. Sowohl die Meereshöhe, auf der dieser Buchenwald stockt, ist ungewöhnlich, als auch die südliche Region. Trotzdem gedeihen hier beachtliche Altbuchen mit bis zu 300 Jahren.

294

Im Waldverbund bilden Buchen astlose hohe Stämme, mit welchen sie ihre Baumkronen zur Sonne schieben. Der Herbst pinselt traumhafte Farbsymphonien in das Laubdach.

Ein Blick nach oben im Buchenwald-Dom. Nur wenige Tage dauert dieses Schauspiel der Farben an. Dann, nach einigen Frostnächten, fällt das Laub braun zu Boden.

295

Am Rand des Buchenwaldes schüttelt der Herbstwind das gelborange Laub weit hinaus auf die Felder. Der braune Waldboden wird Jahr für Jahr um eine dünne Humusschicht angereichert.

296

Der frühe Frost hat im Herbst das Laub der Buchen abgenommen. Es ist ein Dezembertag im Bregenzer Wald auf etwa 1300 Metern und im Bergbuchenwald herrscht magische Stille. Auf dem Boden ruht das abgeworfene Laub.

Im schweizerischen Appenzell mit Blick auf das Rheintal leben diese Buchen, die sich auf etwa 1100 Metern befinden und sich mit Kiefern und sogar Eiben den Berghang teilen.

Mischwald

Die ursprüngliche Form des Waldes – der Urwald – vereint je nach seiner Lage verschiedene Laub- und Nadelgewächse, Sträucher und stets Unterwuchs wie Kraut, Moose, Farne. Tiefwurzler und elastische Stämme schützen andere Bäume gegen Starkwind oder Lawinen, Flachwurzler übeziehen den Waldboden mit schützendem Wurzelgeflecht, das den wertvollen Humus festhält. Laubbäume reichern den Waldboden durch den Laubfall mit immer neuem Humus an. Jeder Baum hat seine Aufgabe, seinen Platz und kommuniziert mit den Nachbarn und seinen Artgenossen. Die Jungbäume werden beschützt und gedüngt. Altbäume sterben natürlich und bilden nahrhaften Boden. Es gibt die unterschiedlichsten Mischwald-Typen, die an ihren Baumarten und den Krautschichten erkannt und nach diesen bezeichnet werden. Jeder so natürlich entstandene Wald behält sein Gleichgewicht, überlebt oft Jahrhunderte ohne Eingriffe. Nach einschneidenden Ereignissen wie Lawinen, Muren oder Stürmen kann sich die Zusammensetzung der Baumarten ändern, optimieren und den neuen Gegebenheiten anpassen. Der Mischwald ist eine hochkomplexe Lebensgemeinschaft, ohne Abfall, alles wird wieder verwertet. Er funktioniert und erneuert sich immer wieder von selbst. Ein perfekt organisierter lebender Organismus!

299

300

Das Paradies ist überall, wir müssen uns nur öffnen,
um zu staunen – zu erleben und zu sehen.
Einschwingen in die Melodie des Windes im Laub.
Alles um uns vergessen.

Ein kleines Fleckchen ursprünglicher Natur: das Foramoos. Ein Fichten-Mischwald hat sich auf dem Bödele bei Dornbirn, Vorarlberg, entwickeln dürfen. Obwohl in weiten Bereichen noch immer die Fichtenforste dominieren, entwickeln sich zusehends wieder gesunde, ursprüngliche Mischwaldgesellschaften.

301

Im Herbst ist der Mischwald besonders bunt. Das dunkle Grün der jungen Tannen und Moose, die gelben und braunen Blätter der Laubbäume, Totholz, Pilze: Dies ist die Kinderstube des Lebens, tief im Innern des Waldes.

303

Am Steilhang gleich über dem Tal kommt dem Wald die Schutzfunktion eines Bannwaldes zu. Hier mischen sich Buche, Ahorn und Fichte zu einer bunten Gesellschaft. Klostertal, Westösterreich auf 1100 Metern.

In Waldlichtungen kommt die Baumart zum Zug, die am schnellsten zum Licht wächst. Neben Buchen haben es die Ahorne geschafft.
Der Boden ist dicht mit Farnen und Moosen bewachsen. Laternsertal auf 1000 Metern.

In einem Seitental des Bregenzer Waldes im Westen Österreichs suchen Buchen, Erlen und Eschen die Ufernähe. Dort gibt es am meisten Sonne und Feuchtigkeit.

Der Fliegenpilz ist wohl der bekannteste (giftige) Pilz. Für mich ist er einer der schönsten und »typischen« Pilze, wie wir ihn schon als Kinder aus den Märchenbüchern kannten.

Eine Gruppe von Schopf-Tintlingen. Der Hut ist essbar, solange er noch weiß ist. Er siedelt sich gerne an Waldwegen und aufgeschütteten Gartenrändern an. Seinen Namen hat er von seiner tintenartigen Auflösungssubstanz am Ende seiner Lebenszeit.

Ein Vertreter der vielen Reizker-Pilze, die ungenießbar bis giftig sind. Innerhalb von einem Tag nach einem Herbstregen stand der Waldboden voller Pilze in ihrer faszinierenden wie geheimnisvollen Formenfülle.

308

Farne sind sehr anspruchslos und können selbst im dunklen schattigen Wald existieren, wie hier am Berghang eines Kiefernwaldes in Tirol.

Unter dem Mischwald-Dach, zwischen Efeu und Laub, gedeihen vor allem im feuchten Herbstwetter viele Pilzarten. Sie zersetzen altes Holz und helfen so, den Waldboden vorzubereiten. Goldtäubling und der korallenähnliche Klebrige Hörnling.

Der Waldboden im Herbst bietet eine üppige Tafel. Moose, Pilze, Eicheln und Bucheckern, Jungsamen, Triebe, Zapfen, Zweige und Laub bilden eine nahrhafte Grundlage für Waldtiere und bereiten den Boden für die nächsten Baumgenerationen.

Am Rand des Hochmoors erhebt sich ein Fichten-Kiefern-Wald. Der Boden ist feucht und sumpfig und üppig bedeckt von Gräsern und Moosen.

Nur wenige Stunden Sonnenlicht am Tag erhält diese Buche in der engen Schlucht. Es reicht aus, um pro Jahr einige Zentimeter zu wachsen.

Im naturnahen Wald kann sich der Baumbestand jährlich verjüngen. Aus dem Wettbewerb »als Erster zum Licht« bleiben nur wenige starke und gesunde Bäume übrig.

Auf diesem feuchten Abschnitt rund um den Waldbach leben etwa 40 Pflanzenarten und bieten vielen Tierarten Heimat und Nahrung.

314

Hirschzunge. Diese gut erkennbare Farnart liebt das Klima von Schluchtwäldern und begleitet oftmals Ahorne oder Eschen. Sie sucht sich meist feuchte Felswände aus, an welchen täglich etwas Sonnenlicht ankommt.

Überall, wo das Sonnenlicht auf den Boden oder eine Felswand trifft, kann sich rasch pflanzliches Leben entwickeln. Es überwuchert altes Holz und Steine und bietet so die Basis für weitere Pflanzengesellschaften.

Ein Blick in den tiefen Wald. Der ewige Kreislauf des Lebens und Sterbens wird hier sehr pitoresk auf einem Teppich von Bärlapp vorgestellt.

317

Wasser reinigt sich selbst unter anderem durch die Reibung an Steinen, Pflanzen und Moosen und durch die Aufnahme von Sauerstoff. Unter dem Mooswasserfall bildet sich der kleine Waldbach, der schnell an Größe und Geschwindigkeit zunimmt.

Das Quellwasser am Berghang ist oft nur einige Tage »alt«. Es reichert sich rasch mit Mineralstoffen und Nährstoffen an.

Geröll und Steine schaffen Hohlräume und Nischen für Moose, Flechten und Pilze. All das bildet den Nährboden für weitere Pflanzengesellschaften. Auf einigen Zentimetern Humus können die ersten Pionierbäume eine Waldgesellschaft aufbauen.

Selbst der kleinste Platz wird mit Leben erfüllt. Sobald das Sonnenlicht seine Energie auf den Waldboden sendet, beginnt sich das Grün in allen Formen auszuweiten.

Die vom Sturm gefällten Bäume versinken langsam im Moosteppich des Hochmoores und werden so sehr langsam zum Urgrund für neues Leben.

Eichhörnchen im Paradies

Wir treffen es – vor allem in Europa – in fast allen Waldtypen an. Das Eichhörnchen (oder auch Eichkätzchen) war ursprünglich im Nadelwald heimisch und hat sich vornehmlich von Zapfensamen ernährt. Inzwischen gehören fast alle Samen, Körner und Beeren zu seiner Nahrung. Damit hat sich sein Lebensraum stark ausgeweitet. Weil es sich im Boden Wintervorräte anlegt, die es nur zum Teil wieder findet, sorgt das Eichhörnchen nebenbei auch für eine Verbreitung und Durchmischung des Baumnachwuchses. Obwohl es zahlreiche natürliche Feinde hat, ist sein Bestand nicht gefährdet.

Das rötliche Eichhörnchen im Winterfell.

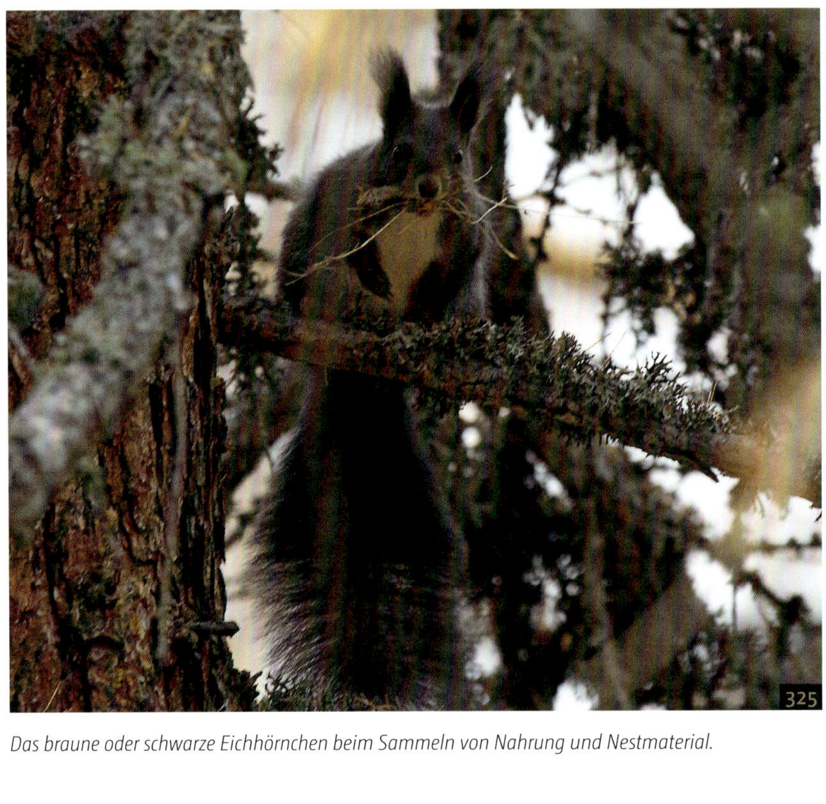

Das braune oder schwarze Eichhörnchen beim Sammeln von Nahrung und Nestmaterial.

Bis zu 100 Tannenzapfen werden von den Eichkätzchen pro Tag geschält, um die Samen daraus zu fressen. Am Waldboden erkennt man ihre Fressplätze an den Zapfenschuppen. Die Tiere sind stets auf der Hut.

327

328

Der Knorreichenstieg im Kellerwald führt durch ein ganz besonderes Gebiet mitten in Hessen (bei Bad Wildungen, Kassel), das typische südländische Merkmale hat. Am steilen, trockenen und sonnigen Südufer des Ebersees gedeihen Trauben-Eichen. Man glaubt fast, am Mittelmeer zu sein und durch die hitzegewohnte Macchia zu wandern.

Urwald »Kellerwald«

Nur über wenige hundert Meter erstreckt sich dieser südländische Trockenwald auf der sonnigen Blockhalde in einer milden Mikroklima-Zone. Am Waldboden wachsen Moose und Heidelbeeren, ab und zu mischt sich auch eine Rot-Buche in den lichten Eichenwald.

Linden-Urwald bei Colbitz

Der Ursprung des Lindenwaldes geht bis ins 13. Jahrhundert zurück. Wie durch ein Wunder konnte sich dieser großflächige, dichte Wald in die heutige Zeit retten. Die meisten Dorfbewohner wissen gar nichts von dieser unvergleichbaren Kostbarkeit in ihrer Nähe.

Den Linden-Urwald aufzufinden erfordert etwas Geduld und einiges Glück. Auf manchen Lichtungen hat sich ein fast undurchdringlicher Dschungel entwickelt.

Der (letzte) große zusammenhängende Lindenwald Europas steht in der Nähe von Colbitz in Sachsen-Anhalt, Deutschland. Entlang eines militärischen Sperrgebietes und eingerahmt von weitläufigen Kiefernwäldern befindet sich hier eine einzigartige Waldgesellschaft auf einer Fläche von 190 Hektar.

Linden-Urwald bei Colbitz

Lindenholz ist weich. Die Bäume wachsen schnell und im Waldverbund versucht jeder Baum, möglichst schnell Höhe zu gewinnen. Die Bäume in diesem Lindenwald sind hoch und schlank und können oft ihr eigenes Gewicht kaum halten.

Bis Mitte Juli blüht die Sommer-Linde und verbreitet einen betörenden Duft über den ganzen Wald. Oben im Blätter- und Blütendach übertönt eine Klangwolke der summenden Bienen beinahe den Vogelchor. In keiner anderen Waldgesellschaft hörte ich so viele und unterschiedliche Vogelstimmen.

Der sich natürlich verjüngende Wald bietet jeder Baumgeneration Platz und Überlebensmöglichkeiten. Das schätzen vor allem auch die zahlreichen Waldtiere.

Ein Linden-Urwald ist etwas ganz Besonderes und heutzutage sehr selten. Ähnlich dem Buchenwald überdeckt das Laub den Waldboden und lässt – bei geschlossenem Laubdach – kaum Unterwuchs zu. Das Totholz der alten Bäume sorgt für einen nahrhaften Boden. Der ewige Kreislauf des Lebens zeigt sich hier auf überzeugende Weise.

Urwald »Sababurg«

Wie ein Märchenwald aus Grimms Erzählungen: Der Urwald Sababurg im Reinhardswald (bei Hofgeismar, nahe Kassel, Deutschland) besitzt, obwohl nur 92 Hektar in der Fläche, den größten Bestand an uralten Eichen und Buchen. Er ist aus einem typischen Hutewald im Mittelalter entstanden und durfte seit 1907 so unbehelligt weiterleben.

Ein Urwald, wie er sein soll. Bäume entstehen und vergehen, sorgen für Nachwuchs und Waldverjüngung. Altholz darf zu humusreichem Waldboden werden, Jungbäume suchen sich den Weg neben ihren Ahnen zum Licht nach oben.

Als Solitärbaum eine Attraktion. Hier im Wald begleitet diese alte Stiel-Eiche viele ihrer Artgenossen. Sie dürfte über 500 Jahre alt sein, hat einen Stammumfang von 680 Zentimetern und wird langsam vom Jungwald überwuchert.

Urwald »Sababurg«

Eine weitere Urbuche, die bis zu 400 Jahre alt sein könnte. Ihr Stamm ist zum Teil schon abgestorben und sie zeigt erhebliche Verletzungen. Mit etwa 550 Zentimetern Umfang gehört sie zu den dicksten Buchen des Waldes.

Eine riesige Rot-Buche mit 30 Metern Kronendurchmesser und 500 Zentimetern Stammumfang. Sie ist etwa 300 Jahre alt und damit schon an ihr Lebensende gekommen. Trotzdem zeigt sie sich in ihrer größten und vitalsten Form. Es scheint ihr an nichts zu fehlen.

Die wohl bekannteste »Locheiche« des Urwalds. Sie ist vollkommen hohl und hat das große Loch in ihrem Stamm stark überwallt. Alleine dafür brauchte sie über 100 Jahre. Mit etwa 740 Zentimetern Umfang wird sie auf rund 500 Jahre geschätzt. Die Krone ist – durch die Waldsituation bedingt – klein, aber noch sehr vital. Eine Märchengestalt.

Eine der mächtigsten Eichen des Waldes. Stammumfang 720 Zentimeter, vollholzig, Höhe 30 Meter. Sie wirkt fast »jugendlich« gegenüber den Baumgreisen in ihrer Umgebung, dürfte dennoch rund 400 Jahre alt sein. Ihre Krone überragt den Wald, ihr Standplatz ist wohl ideal für sie. Sie dürfte in ihrer Lebensmitte sein und kann noch sehr alt werden.

Diese Riesenbuche hat sich ausreichend Platz erhalten können. Baumumfang 500 Zentimeter, Alter rund 300 Jahre und ein Kronendurchmesser von fast 30 Metern. Der Starkast im Vordergrund ist 15 Meter lang und reicht bis zum Waldboden.

Das ist wahrscheinlich die älteste Eiche im Sababurg-Urwald: mit rund 600 Jahren und einem enormen Stammumfang von 770 Zentimetern. Sie hat ihre Blütezeit schon lange hinter sich, der Stamm ist hohl und wirkt sehr mitgenommen. Trotzdem treibt einer der Stammschäfte intensiv Jungzweige aus, als ob die alte Eiche uns beweisen will: Ich bin noch da und lebe.

Urwald »Sababurg«

Diese schöne Eiche konnte ihren Standort gut behaupten, die entstandene Lichtung wird von ihr perfekt genutzt. Farne und Stauden bedecken den Boden und bilden eine ideale Waldgemeinschaft.

Eine kleine Waldlichtung bringt Sonne an den Waldboden und schon entsteht neues Leben. Der Eichenveteran wird bald am Boden liegen und den Weg frei machen für neues Leben.

Die Wanderung durch diesen Urwald führt von einem Baumriesen zum nächsten. Zu den uralten Eichen gesellen sich zuweilen alte Buchen, die ebenso Teil des lichten Märchenwaldes sind.

Bergwald

Er stockt an Berghängen, auf Hochebenen und findet sich bis etwa 1600 Meter Höhe. Je nach Himmelsausrichtung und Klima ist er ein Mischwald aus Fichten, Lärchen und Kiefern, oft begleitet von Buchen und Berg-Ahornen. Hier finden sich meist auch die typischen Pionierbäume wie Birken, Ebereschen und Erlen.

Der Bergwald ist meist ein Bannwald: Er schützt die unter ihm liegenden Talschaften vor Steinschlag, Muren und Lawinen. Durch diese zerstörerischen Kräfte werden die Bäume zeitweise verletzt oder vernichtet. Daraus ergibt sich eine natürliche Erneuerung, die oft durch Lawinenverbauungen und Aufforstung begleitet wird. Der Bannwald ist eher ein lichter Waldverbund mit Unterwuchs wie Gräsern, Stauden und Beerenbüschen. Die meisten urwaldähnlichen Gesellschaften gibt es in solchen Berggebieten, da das regelmäßige Fällen sehr schwer ist und die Schutzfunktion seit jeher als übergeordnet gilt. Zudem sind es gerade diese Wälder, die Regen- und Schmelzwasser zurückhalten und langsam abgeben. Viele der ursprünglichen Nadelmischwälder, in welchen auch Tiefwurzler wie die Tanne Bestand haben, wurden mit Fichtenforsten (Monokulturen) ersetzt, mit zum Teil dramatischen Folgen wie Windwurf, Invasionen von Borkenkäfern oder Krankheiten. Daraus hat man in manchen Gegenden gelernt und versucht, nun wieder den natürlichen, standortbeheimateten Nadelmischwald aufzuziehen. Das dient zusätzlich der so wichtigen und bedeutenden Pflanzen- und Artenvielfalt und dem Wohl aller.

Ich rieche den Duft des Waldes. Augenblicke der Kindheit, Freude, Leichtigkeit, Frieden kehren ein – ich fühle mich erfüllt von Dankbarkeit.

345

Auf 1200 Metern weitet sich dieser urwaldähnliche Bergmischwald aus, der aus Buchen, Fichten und Ahornen besteht. Am Boden wachsen Farne, Moose und Stauden, die für einen humusreichen Boden sorgen.

Südlicher Bergwald nach dem Bernhardino-Pass Richtung Tessin, Schweiz: Pioniergehölze und Laubwald auf 1400 Metern. Sie werden von dichtem Fichtenwald bis auf etwa 1700 Meter Höhe abgelöst. Ende Mai liegt der Schnee noch auf 2000 Metern.

Kaum ist im Juni der letzte Schnee geschmolzen, leuchten Lärchen und Birken in ihrem hellgrünen Frühlingskleid. Die Erlen folgen später. Ein Bergwald im Montafon auf etwa 1400 Metern Höhe.

Im Steilhang hält die alte Buche mit zwei Starkästen die darunter wachsende Fichte fest. Seit Jahrhunderten gedeihen beide Pflanzen neben- und miteinander in friedlicher und beschützender Gemeinschaft von Laub- und Nadelgehölz.

Im hinteren Bregenzer Wald wurde der ehemals dichte Fichtenwald mit Berg-Ahornen und Buchen gemischt und auf diese Weise ein gesunder Bergmisch- und Schutzwald gezogen. Im Frühjahr sind die unterschiedlichen Grüntöne der Laub- und Nadelbäume am besten zu erkennen.

347

Dieser lichte Jungkiefernwald stockt an der Sonnenseite im Ötztal auf etwa 1700 Metern. Der Boden ist karg und trocken und kaum eine andere Baumgesellschaft überlebt hier. Es braucht Jahrhunderte, um in diesem felsdurchzogenen Gebiet nahrhaften Waldboden zu gründen, auf dem später auch andere Baumarten überleben könnten.

Kiefernwald im Ötztal

Auf halbschattigem Bergwaldboden – Wurmfarn im Teppich von Immergrün.

Im Mischwald bei St. Moritz leben Zirben, Lärchen und Kiefern in engem Verbund. Am Boden gedeihen Farne, Schachtelhalme und Buschwerk.

Dieser hochgelegene Lärchenwald wurde ausgelichtet, um eine natürliche Waldverjüngung zu fördern. Die Alpenrosen haben das als erste ausgenutzt.

349

Der Schattwald im Laternsertal liegt zwischen 1500 und 1700 Metern und besitzt einen alten Baumbestand von Fichten und Weiß-Tannen. Am Waldboden breitet sich ein Meer von Heidelbeeren und Wacholder aus. Einige frische Suhlen deuten auf einen beachtlichen Hirschbestand.

350

Alte Fichten und Weiß-Tannen bilden den Nadelbergwald, der ausreichend Licht für eine üppige Bodenvegetation durchlässt. Auf rund 1000 Meter Höhe liegt dieser romantische Fichtenwald mit Hochmoorflächen. Barfuß auf Moosteppichen zu laufen ist, wie auf Wolken zu schweben.

351

352

353

Im Kleinen Walsertal, das im Grenzgebiet zwischen Österreich und Bayern liegt, gibt es dieses märchenhafte Tal mit moosigen Felsen, kleinen Seen und strömenden Bergwasserbächen. Kann sich denn Wasser noch schöner talwärts bewegen?

Selbst im Hochsommer erwärmt sich das Wasser nicht über zehn Grad. Die Erfrischung mit einem Bad ist garantiert.

355

356

Das Frühlingslaub und die einfallende Sonne zaubern eine fast unwirkliche, goldgrüne Farbe auf die Wasseroberfläche. Ein »gezahnter« Felsen kämmt das frische Schmelzwasser. Durch solche Naturvorgänge erhält das Wasser einen sehr hohen Anteil an Sauerstoff. Krimmler Wasserfälle, Salzburg.

Eine Quelle unterhalb des Felsrückens im Bergwald. Dieser junge Bergbach entspringt bei Schönebach im Bregenzer Wald, Vorarlberg, Österreich, etwa auf 1400 Metern.

Am Eingang in das Ötztal, Tirol, wächst ein noch recht junger Schwarz-Kiefernwald auf dem Geröllboden. Der lichte Bergwald ist die Voraussetzung, dass sich hier – fast einmalig in dieser Region – ein dichter Teppich aus Erika am Waldboden entwickelt hat.

Der Kiefernwald wurde vor einiger Zeit ausgelichtet und »umgestaltet«. Er ist ein schönes Beispiel für einen gelungenen Eingriff mit dem Ziel eines standortbeheimateten Waldes, der in Ruhe wachsen und gedeihen kann.

Im Zuger Tal bei Lech am Arlberg, Österreich, steht ein Altwald aus Bergfichten und Kiefern. Dieser verschlungene Wurzelweg führt auf etwa 1900 Meter Höhe.

358

Eine abgestorbene Fichte hatte sich in diesem Winter geneigt und ist auf ihre Nachbarin gestürzt und dabei zerbrochen. Es kann bis zu 30 Jahre dauern, bis daraus nährstoffreicher Humus entstanden ist. Zurück bleibt vielleicht ein Zentimeter neuer Boden.

Dieser Bergfichtenwald befindet sich im Montafon in Österreich auf etwa 1300 Metern. Kleine Waldlichtungen bieten frisches Gras und Kräuter für die Tiere.

Welch Fülle und farbliche Pracht bieten diese Wiesen und Wegränder. Ohne Dünger, ohne Aussaat. Was hier der Mensch getan hat: nichts! Deshalb diese Schönheit.

Kurz nachdem die Sonne aufgegangen ist, spiegelt sich der nächtliche Tau in der blumenreichen Bergwiese auf 1700 Metern im Laternsertal, Vorarlberg.

361

Im Bergwald

Obwohl die oft steile Hanglage für manche Tiere ein Risiko darstellt, ist in den mäßigen Höhenlagen die Spezialisierung der Tierwelt noch nicht zwingend nötig. Deshalb leben in dieser Region, und weil hier auch der Mensch weniger Einfluss hat, sehr viele Tierarten in idealer Gemeinschaft. Die Nähe zum Tal erlaubt auch das Ausweichen in andere Nahrungsgebiete, falls zum Beispiel der Winter zu hart oder zu lang ist.

Mit auffälligem Schopf: die Haubenmeise.

Stets agil und wachsam: der Tannenhäher.

Eine Rehgeiß mit zwei Kitzen.

Ein scheuer Waldbewohner: die Rötelmaus in einem Bergwald auf 1400 Metern.

362

Etwa im Juni sind die Jungfüchse bereits alleine unterwegs, spielen miteinander und sind besonders neugierig. Ihre angeborene Wachsamkeit sichert das Überleben.

Fichtenbergwald im Arlberg-Gebiet. Aufgrund wiederkehrender Steinschläge haben die Bäume Zweitstämme entwickelt oder riesige Bodenwurzeln ausbreiten müssen – eine Reaktion auf die ständigen Gefahren. Das Ergebnis: oftmals ganz bizarre Gestalten.

Fichtenmischwald an einem Berghang im Rheintal, Österreich, auf etwa 900 Metern. Durch gezieltes Auslichten konnte sich ein grüner Teppich am Waldboden entwickeln. Ganz im Vordergrund versucht eine Eiche, bei dem spärlichen Licht aufzukommen.

Auf über 2200 Metern gibt es nur noch lichte Baumgruppen. Viel Sonnenlicht fällt auf den Boden und um den kleinen Gebirgsbach gedeiht eine üppige Vegetation. Man kann direkt aus dem Bach trinken: ein wunderbar frischer Geschmack.

Etwas weiter unten zwischen Erlenbuschwald und den ersten Lärchenbeständen zeigt sich der Bergbach stark und sprudelnd. Er zieht seine Bahn durch üppige Bergwiesen mit Heidelbeeren und Farnen.

Ein märchenhafter Lärchenmischwald auf 1700 Metern. Auf dem moosigen Waldboden wachsen auch zahlreiche Zirben in der Nachbarschaft.

366

»Zedlacher Paradies«

Oberhalb von Matrei in Osttirol, Österreich, liegt eine der schönsten Waldweiden mit wunderbaren Altlärchen auf rund 1500 Metern. Einige der massigen Bäume haben Stämme mit 620 Zentimetern Umfang und mehr. Weit hinaus geht der Blick auf das ursprüngliche Virgental. Nördlich erheben sich die Dreitausender des Nationalparks Hohe Tauern, zu dessen Schutzgebieten dieser Weidewald inzwischen zählt.

Die lichten Wälder werden immer noch – wie vor vielen hundert Jahren – als Kuhweide genutzt, was ihren ursprünglichen Charakter erhält. Obwohl diese Tradition vielen Altlärchen das Leben offenbar beschwerlicher macht.

Eine uralte Lärche, vom Sturm gefällt. Bei einem Umfang von über 500 Zentimetern war dieser Baum wohl um die 700 Jahre alt. Da oben ist das Leben hart und beschwerlich, Wachstum ist eine Sache von Jahrhunderten. Gut wäre, darauf zu achten, dass die Baumveteranen nicht vom aufkommenden Jungfichtenwald überholt und erstickt werden.

Im lichten Lärchenwald können andere Bäume – entsprechend der Höhenlage – gut aufkommen. Hier auf etwa 1500 Metern im Brandnertal, Österreich, gibt es eine harmonisch wirkende Waldgesellschaft mit Fichten und Kiefern.

Fichtenwald auf einer feuchten Hochebene auf etwa 1000 Metern. Die ersten kalten Nächte des Herbstes melden sich an und das wärmende Sonnenlicht lässt Nebel aufsteigen.

Innerhalb weniger Jahre siedeln sich auf alten Baumstrünken Moose, Pilze und Pflanzen an. Oben wachsen bereits wieder junge Tannen und Fichten. Unten gedeihen der urtümliche Bärlapp und die Heidelbeere.

370

Urwaldähnlicher Bergwald in steilem Gelände. Obwohl die Fichte vorherrscht, entsteht in den lichten Stellen ein reicher Unterwuchs mit Moosen, Farnen und Pionierbäumen, hier mit Ebereschen. Steinschläge reißen Lücken in den Wald, Sonne dringt bis zum Boden vor und beschleunigt einen artenreichen Waldaufbau.

Urwald »Rothwald«

Der behütete Wald darf sich selbst erneuern, bekämpft ohne menschliche »Hilfe« erfolgreich Borkenkäfer und andere Plagen – und verbirgt uralte Baumriesen mit über 60 Metern Höhe.

Zu dem Kerngebiet von über 250 Hektar wurden inzwischen weitere, große Waldflächen hinzugefügt, die schon über 200 Jahre nicht genutzt wurden, um ein möglichst großes, geschlossenes Waldgebiet für unsere Nachkommen zu erhalten. Ein Vorbildprojekt! Im Altwald mit Moderholz lebt ein Waldameisenstamm in einem über zwei Meter hohen Bau.

Einer der letzten, größeren Bergurwälder, der geheimnisvolle »Rothwald« im Wildnisgebiet Dürrenstein bei Göstling, Niederösterreich, wird von der Forstverwaltung streng geschützt und bewahrt. Hier gab es wahrscheinlich nie eine forstliche Nutzung. Die Ökologen können ein Überbleibsel aus längst vergangener Zeit erforschen.

Im früheren Fichtenforst begann vor einigen Jahren die Plenterfällung. Altbäume werden entnommen, damit Freiflächen entstehen. Dadurch wächst ein gemischter, besser schützender Bannwald heran.

Im Herbstnebel suchen die Sonnenstrahlen ihren Weg zum Waldboden und wärmen für einen Moment eine jungen Buche am Bachrand.

Moosiger Waldboden mit keimenden Jungtannen. Sie haben noch einige Jahre der Bewährung vor sich und müssen sich gegen Schnee, Schatten und Wildverbiss durchsetzen.

Am Wilden Kaiser im Naturschutzgebiet Kaiserbachtal nahe Kirchdorf in Tirol färbt sich der herbstliche Wald ein. Lärchen, Buchen, Ahorne auf etwa 1100 Metern. Die Lärchen wachsen an der kahlen schattigen Nordwand des Bergmassivs bis auf etwa 1700 Meter.

Im Vorarlberger Rheintal mit Blick auf den Hohen Freschen bei Rankweil. Weite Fichtenwälder bedecken die Berge bis hinauf in die Felsregionen auf 1500 Metern. Vereinzelt sind im Herbst Lärchen oder Buchen zu erkennen. Es braucht noch sehr lange, bis sich hier ein gesunder Mischwald etablieren wird.

Der Schwarzsee bei Kitzbühel ist ein Moorsee mit Birken und Fichtenwald. Weiter hinten ragt die Gebirgskette des Wilden Kaisers empor.

374

An einem kalten Winterabend durchdringen die letzten Sonnenstrahlen den langsam und bedächtig aufziehenden Nebel.

Der Schnee kam diesen Herbst sehr zeitig. Einige der Laubbäume tragen noch ihr buntes Laub. Der erste Frost wird die Blätterpracht bald zu Boden bringen.

Am Abend zeigt sich kurz die Sonne und hüllt den frischen Schnee auf den Nadelbäumen in ein gelbes Licht, bevor schon die nächste Wolkenwand erscheint.

Klirrende Kälte im Nadelwald. Der Tag neigt sich dem Ende zu. Vereinzelte Sonnenstrahlen finden noch einen Weg bis in die Tiefe des Waldes.

Eine kleine Waldlichtung im Mischwald lässt das Sonnenlicht bis zum Waldboden durchdringen.
Trotzdem bleiben die Temperaturen auch dort weit unter Null.

Hochgebirgswald

Eine Welt voller Wunder und Eigenheiten. Diese Bezeichnung ist nicht wissenschaftlich, für mich aber hat der Wald ganz oben in den Bergen einen einzigartigen Reiz. Je nach europäischer Region liegt die Waldgrenze zwischen 1800 und 2100 Metern. Durch die Klima-Erwärmung und den Rückgang der Gletscher, die Aufgabe vieler Alpweiden und die Anpassung der dort lebenden Baumarten wie Zirben, Latschen, Lärchen, Kiefern oder Birken verändert sich die Bergwelt. Einzelbäume, die sich nach oben wagen und sich dort anpassen, vermehren sich und bilden Waldgesellschaften. So kommt der Wald wieder in Höhen, in welchen er vor der letzten Eiszeit schon heimisch war (bis über 3000 Meter, wie versteinerte Holzfunde beweisen). Diese Veränderung wirkt sich auf alle Pflanzen und die gesamte Tierwelt aus. Zahlreiche Beobachtungen zeigen eindeutig, dass sich Lebensräume nach »oben« bewegen. Dies nicht nur wegen der Ausweitung der Siedlungen und touristisch belegten Gebiete, sondern eben durch die Veränderungen der Vegetation. Der Wald in hohen Berglagen wird in Zukunft zweifellos existenzielle Bedeutung erhalten. Es sollte alles getan werden, dass er geschützt und bewahrt bleibt – umso mehr als dort oben die Vegetationszeiten besonders kurz und die Gefahren zahlreich sind.

376

Der Erde verbunden, den Himmel fühlend –
die höchste Form der Geborgenheit.

Eine Bilderbuchlandschaft, die unter dem Schutz von Natura-2000 steht, und abseits der Wanderwege ein sehr beschauliches Dasein führen darf.

Auf den Blockhalden wuchern üppig Stauden wie Alpenrosen, Wacholder und Blaubeere sowie verschiedene Farne und Moose. Vereinzelt konnten sich die Lärchen gegen Lawinen, Steinschlag und Wildverbiss durchsetzen.

Im hinteren Silbertal in Vorarlberg, Österreich, liegt – einsam und abgeschieden – die Alpe Guess auf etwa 1900 Metern. Über den zum Teil 250 Jahre alten Fichtenwäldern erstreckt sich ein lichter Lärchenwald bis zur Baumgrenze auf etwa 2000 Metern.

379

Blick vom Schattenwald im Silbertal Richtung Hochjoch im Montafon, Österreich. Der Fichtenwald reicht hier auf etwa 1800 Meter. Weiter oben wachsen Kiefern und Latschen und an den feuchten Nordhängen stockt ein dichter Erlenbusch-Wald. Das ist ein ideales Versteck für Hirsche und Gämsen, die hier einen großen Bestand haben.

Der Nenzinger Himmel besitzt als einzige Region im Westen Österreichs einen Lärchenmischwald. Die Lärchen mögen es eher sonniger oder regenärmer. Immerhin reicht hier der lockere Lärchenwald bis auf etwa 1900 Meter.

Vor den Felber Tauern in Salzburg, Österreich, weitet sich ein lichter Lärchen-Fichten-Wald aus. Diese verwitterte Lärche stockt auf 1600 Metern. Wahrscheinlich wurde sie vom Blitz getroffen oder durch einen Felssturz verletzt. Sie ist etwa 200 Jahre alt und konnte an Stammumfang kaum zulegen, denn sie benötigte die ganze Kraft für die Neutriebe.

Am Sustenpass in der Schweiz zwingt sich dieser Lärchen-Zirben-Wald neben einem rauschenden Bergbach in das harte Gestein.

2200 Meter reicht in Saas Fee, Schweiz, der urige Lärchenwald hinauf. Nur wenige Höhenmeter darüber ragt der Gletscher über den Felsen. Die Sommer sind kurz und trocken, die Winter manchmal über acht Monate lang.

Zirben können, so wie hier am Timmelsjoch, weit über die regionale Waldgrenze auf über 2200 Metern gedeihen. Es sind Einzelbäume, die sich aufgrund der überharten Bedingungen kaum zu einem dichteren Waldverbund entwickeln können (Seite 242–246).

Zwischen Felsbrocken und Steinen, auf manchmal weniger als zehn Zentimetern Boden, klammern sich Zirben, Kiefern und Lärchen fest. Felsstürze, Muren und Lawinen erschweren die Waldbildung immer wieder. Dieser Baum lebt über dem Achensee in Tirol, Rofan, auf 1800 Metern.

385

Auf dem Weg zum Fluelapass bei Davos in der Schweiz. Wir befinden uns auf 2300 Metern und es gibt auch auf dieser Höhe vereinzelt Gruppen von Zirben. Einige von ihnen weisen ein Alter von über 400 Jahren auf. In harten Jahren wachsen sie gar nicht.

Zirben, Kiefern, Latschen: Sie alle haben sich hervorragend an die unwirtlichen Bedingungen des Hochgebirges angepasst. Sie verwurzeln sich tief zwischen Felsen und schaffen es, selbst bei geringster Bodenbildung Nährstoffe zu finden.

Die Krimmler Wasserfälle in Salzburg, Österreich, gelten als Naturdenkmal. Der Aufenthalt in ihrer Nähe kann Atemkranke heilen. Die Gischt zieht weit übers Fichtenbergtal. Die Wasserfront stürzt über mehrere Kaskaden hunderte Meter in die Tiefe.

Diesen Wasserfall entdeckte ich in der Nähe von St. Moritz, Schweiz, auf etwa 2000 Metern Höhe. Er fließt weiter unten in den Silvaplana-See.

Abendlicht in der Bergwiese im Juli auf 1700 Metern. Zum gelben Hahnenfuß und Pippau gesellen sich der Schlanke Spitz-Wegerich und die rote Lichtnelke.

389

Auf einer Alpe bei Arosa lebt diese Gruppe von Blauem Eisenhut auf etwa 1900 Metern. Die Pflanze ist hochgiftig.

An einem sonnigen Südhang mit Ausblick über das Engadin in der Schweiz blüht dieses Blumenmeer von Margeriten und Wiesen-Salbei.

392

Bei Schröcken im Gebiet vom Hochtannberg begleitet den Wanderer diese Bergwiese aus Arnika und Gräsern bis auf über 1800 Meter.

393

Rote Lichtnelke und Storchenschnabel bilden lilafarbene, duftende Flächen auf der Almweide bei Damüls im Bregenzer Wald.

Urwald »Aletschwald«

394

Seit jeher können sich die Zirben (Arven) im steilen Gelände behaupten. In diesem Wald leben – gemeinsam mit Lärchen und Fichten – Bäume, die bis zu 600 Jahre alt sind. Nach und nach entstehen wieder urwaldähnliche Bereiche, in welchen sich pflanzliches und tierisches Leben ohne störende Einflüsse entwickeln kann.

Hinter der Riederalpe erstreckt sich der Aletschwald hinauf bis zum Gletscher. Zirben und Kiefern gedeihen auf einer Höhe von bis zu 2300 Metern. Das Waldgebiet ist seit 1970 geschützt. Langsam vermehren sich die Nadelbäume.

Urwald »Bödmeren«

Zwischen 1500 und 1700 Metern wächst seit Jahrhunderten hoch über dem Muothatal in der Schweiz ein natürlicher Fichtenwald. Er ist heute ein geschützter Urwald, in welchem Pflanzen und Tiere ungestört leben können.

Auf den felsigen Hochebenen stockt lichter Fichtenwald. Die schmalen, kurzen Äste sind für diese Gebirgsfichten typisch. So überdauern sie die hohen Schneelasten unbeschadet. Diese Wuchsform hat sich schlussendlich durchgesetzt.

Der dicht bewachsene Waldboden täuscht: Überall gibt es tiefe Felseinschnitte und überwucherte Löcher. Es ist schwierig und gefährlich, sich hier fortzubewegen, vor allem für die Menschen – die dadurch den Wald kaum bewirtschaften konnten.

Am Furkapass im Laternser Tal leben zähe und langsam wachsende Bergfichten. Der Schnee liegt hier bis im Juni, die Bäume können oft nur drei Monate lang wachsen. Sturm, Schneelast und vielleicht ein Blitzschlag wurden dieser Fichte zum Verhängnis. Es kann bis zu 50 Jahre dauern, bis ihr toter Baumstumpf zerfällt, um für die Alpenrosen oder einen nachwachsenden Jungbaum wertvoller Humus zu sein.

Artenreiche Almwiese mit gelbem Pippau, Rot-Klee und den lilafarbenen Glockenblumen am Rüfikopf bei Zürs am Arlberg; auf etwa 2000 Metern.

Eine geschützte Art: Der Schwalbenschwanz ist der größte heimische Tagfalter und auf den artenreichen Blumenwiesen in den Alpen des öfteren anzutreffen. Ein beeindruckend schöner und großer Schmetterling.

Der Türkenbund ist eine geschützte Orchideenart in den alpinen Regionen. Er wird bis zu einem Meter hoch und erinnert in seiner Blütenform tatsächlich an einen Turban.

Hochmontafon in Vorarlberg auf 1900 Metern, die Alpe Verbella. Gedrungene Fichten, Latschen und Erlenstauden bieten einen idealen Unterschlupf für Gams und Hirsch.

Im Nenzinger Himmel, Vorarlberg, Österreich, erhebt sich diese alte Lärche einzeln über dichtem Latschenwald, der ein Aufkommen anderer Lärchen verhindert. Der karge Boden bietet nur wenigen spezialisierten Bäumen eine Überlebenschance (siehe auch S. 418).

Diese Birken trotzen als Pionierbäume auf 1900 Metern im hinteren Stubaital, Tirol, den massiven Schneemassen des überlangen Winters. An diesen steilen Hängen bereiten sie den Boden vor für später wachsende Wälder aus Zirben und Kiefern.

Im Hochgebirge

Noch vor wenigen Jahrzehnten waren die Steinböcke in den Alpen fast ausgerottet. Vor rund 40 Jahren begann dann in der Schweiz eine gezielte Aufzucht und allmählich wurden die Tiere wieder in ihre natürlichen Lebensräume ausgesetzt. Einige von ihnen leben an der Kanisfluh in Österreich zwischen 1500 und 2000 Metern. Ein exzellenter Kletterer ist auch die Gams. Sie ist perfekt an das Leben im Hochgebirge weit über der Baumgrenze angepasst. In Mitteleuropa hat sie keine natürlichen Feinde mehr und muss durch die Jagd in verträglichen Populationen gehalten werden.

Steinbock: Der König der Felsen zeigt seinen mächtigen und schweren Kopfschmuck.

Die Alpendohle ist ein hervorragender Flugkünstler und lebt, wie hier im Säntisgebiet, auf bis zu 2500 Metern.

Diese Gams begleitete mich auf einer Wanderung über Zermatt mit Blick auf das Matterhorn. Es war wohl auf etwa 2600 Metern. In den schneefreien Monaten ziehen die Gämsen weit hinauf.

Ein Hermelin, das neugierig in die Kamera schaut. Im August trägt es das braune Sommerfell mit weißem Bauch, hier etwa auf 2000 Metern. Im Winter ist es schneeweiß und bestens getarnt.

Ein älterer Steinbock mit kapitalem Gehörn. Steinböcke leben im Sommer über der Waldgrenze, im harten Winter ziehen sie an die bewaldeten Berghänge, um dort Schutz und Nahrung zu finden.

Lärchen, Kiefern und Latschen bilden eine lockere Waldgesellschaft, in der sie sich gegenseitig schützen, nähren und bewahren. Eine geniale Kooperation.

Sehr früh, schon im September, beginnen die Frostnächte und damit setzt die Herbstverfärbung des Laubes ein. Die Birken zeigen das goldene Herbstkleid als erste.

Der Hirschsee im Nenzinger Himmel liegt auf 1700 Metern und ist das ganze Jahr über eiskalt. Der hier stehende Lärchen-Latschen-Wald zieht sich bis etwa 1900 Meter hinauf. Das raue, niederschlagsreiche Klima mit langen Wintern lässt ein Höhersteigen kaum zu.

In den Kärntner Nockbergen im Süden von Österreich herrscht zwar ein gebirgiges Klima, es ist aber auch sehr trocken. Mit diesen schweren Bedingungen kommen Lärchengesellschaften gut zurecht. Sie gedeihen hier bis etwa 1900 Meter, begleitet von Schwarz-Kieferwäldern. Das Gebiet ist geschützt und beherbergt zahlreiche Altbäume.

Eine der großen alten Lärchen. Von ihr stammt der größte Teil des unter ihr lebenden Bestandes ab. Sie hat einen Stammumfang von über 5000 Zentimetern und dürfte deshalb 300 Jahre oder älter sein.

Diese alte Kiefer ist gezeichnet von Sturm, Schnee und Blitzschlag. Trotzdem behauptet sie sich in der Lärchengesellschaft. Sie ist rund 250 Jahre alt. Selbst in sehr günstigen Jahren wachsen ihre Zweige kaum mehr als zehn Zentimeter.

Auf rund 1800 Metern stockt ein lichter Birkenwald auf der Schutthalde eines Lawinenkegels. Hier werden sich Fichte und Lärche ausweiten. Im Hintergrund wachsen die Fichten im steilen felsigen Gelände.

Spätestens nach den ersten Frostnächten werden die goldgelben Nadeln rotbraun und fallen ab. Sie schaffen einen weichen, offenen Waldboden, auf welchem Gräser und andere Schattenpflanzen wachsen.

In Tirol, an der Grenze zu Südtirol, Italien, sind die Täler ideal für weite Lärchenwälder. Es ist sonnig und regnet verhältnismäßig wenig. Wir sind hier auf etwa 1800 Metern und vereinzelte Bäume steigen hoch bis auf über 2100 Meter. Lärchen wachsen im lockeren Verbund und lassen andere Bäume wie Birken, Ebereschen und Erlen zu.

Im Norden des Kantons Tessin, Schweiz, breitet sich eine beeindruckende Gebirgswald-Welt aus. Auf dem Weg zur Alpe Cavalasca am Lago di Luzzone – an dem ein Naturparkreservat liegt – zeigt sich die herbstliche Farbenpracht der Lärchenwälder in ihrer ganzen Schönheit. Hier wachsen einzelne Bäume bis auf 2200 Meter. Die höchsten Berggipfel reichen knapp über 3000 Meter.

413

Der goldene Herbst zeigt sich von seiner schönsten Seite. Engadin, in der Nähe von St. Moritz, im Oktober mit Blick auf die Dreitausender. Die stabilen Bergmischwälder mit Lärchen, Zirben, Fichten bewahren die Täler vor Lawinen und Steinschlag, regeln den Wasserhaushalt und bieten Heimat für viele Tierarten wie etwa dem Wolf.

Rund um den smaragdgrünen, kristallklaren Lagh da Saoseo breitet sich ein wunderbarer Bergmischwald aus Zirben (Arven) und Lärchen aus. Im gebirgigen Puschlav (Schweiz) auf über 2000 Metern Höhe demonstrieren die Wurzelwelten der Zirben ihren unbändigen Lebenswillen und trotzden den Naturgewalten.

Der Lej da Segl liegt auf 1900 Metern bei St. Moritz in den Schweizer Alpen. In dieser Region reicht der Lärchen-Zirben-Wald bis auf etwa 2200 Meter. In den ausgedehnten Wäldern gibt es noch zahlreiche alte Bäume mit großem Umfang.

Das Ötztal, ein Tiroler Hochtal, ist nach Süden ausgerichtet. Hier bei Obergurgl sind wir auf 2300 Metern. Vereinzelt finden sich noch Lärchen und Zirben, begleitet von Latschen. Der Blick auf den ersten Schnee auf über 3000 Metern lässt den nahenden Winter erahnen.

Flechten, Moose und Lärchennadeln bilden einen weichen, nahrhaften Boden. Auf und in ihm kann sich wieder neues und vielfältiges Leben entwickeln.

Dieser Lärchenwald oberhalb von Pontresina, Engadin, wird von einem Bergbach durchzogen. Er nimmt die orangefarbenen Nadeln bis weit ins Tal mit und lagert sie dort ab.

418

Von Lärchen geprägte Waldgesellschaften haben eine besondere Aura. Aufgrund ihres fein verzweigten Astwerkes wirken sie oft undurchdringbar. Wer innehält und verweilt, dem öffnet sich diese bunte Szenerie mehr und mehr.

Einige Wochen lang färben die Nadeln der zahllosen Lärchen den Waldboden, die Steine und sogar das Wasser des Bergbaches in eine eigene, eigenartige Welt, in der die Farben Orange und Braun ganz zur Geltung kommen.

Am Berggrat bilden sich im eiskalten Wind bizarre Eisgestalten. Hier im Montafon bei Gaschurn in Österreich, auf 1800 Metern.

420

Fünf, manchmal sieben Monate Winter bedeuten für die Pflanzen und Tiere auf über 1500 Metern Höhe eine extreme Belastung. Bäume befinden sich jetzt in der geschützten Ruhephase, in der sie große Kälte und Wasserentzug über Monate hinweg aushalten. Schneelast und Dauerkälte prägen den Wuchs und die Form der Bäume nachhaltig. Je höher der Standort, um so gedrungener wirken die Baumgestalten.

Die letzten Fichten auf etwa 1900 Metern. Wenn sie dauerhaft überleben, werden sie sich hier oben vermehren und langsam eine Waldgesellschaft aufbauen.

Engel oder Außerirdischer – der Schnee zeichnet phantasievolle Formen. Hier eine mehrarmige Figur, die sich fröstelnd schützt und zudeckt.

Einige hundert Kilogramm Schnee liegen auf der jungen Fichte. Ihre durch die Last gebogene Form kann sie im Frühjahr wieder begradigen.

Wie ein fester, dicker Verband drückt die Schneeschicht die Baumform zu einem engen Zylinder. Es ist unglaublich, was Bäume alles aushalten können.

Ein eiskalter Januartag mit minus 20 Grad auf 1700 Metern. Kurz nur zeigt sich der blaue Himmel. Fichten, Latschen und einige Zirben gründen vorsichtig eine lichte Waldgesellschaft.

Fichten an der Baumgrenze auf über 1800 Metern. Sie erstarren einige Wochen lang und werden zu Eisfiguren. In dieser Zeit versetzen sie sich in einen Ruhezustand mit extremer Belastbarkeit.

Lärchenwald bei Davos, Schweiz, auf etwa 2000 Metern. Die Märztage verkünden den nahenden Frühling: Die Sonne scheint schon länger und wird jeden Tag spürbar stärker.

Was wir tun können

Meiner Erfahrung nach würde es vielen Menschen heute gut tun, wieder näher an die Natur zu rücken. Viel altes Wissen über sie ist verloren gegangen, seit wir uns immer weiter von ihr entfernt haben. Gegen die Natur zu arbeiten endet in unserem Untergang. Sich dagegen mit ihr zu beschäftigen, sie zu respektieren und von ihr zu lernen, sichert unser Überleben. Davon bin ich überzeugt.

Deshalb sind mir einige Anregungen ein Anliegen: Gehen Sie, sooft es möglich ist, hinaus in die Natur. Besuchen Sie Bäume und Wälder. Machen Sie sich Ihren Lebensraum bewusst und begegnen Sie ihm mit Respekt. Laufen Sie barfuß, schulen Sie Ihren Tastsinn. Erspüren Sie den Waldboden, die Wurzeln, das Laub, das Moos und feuchte Erde, Steine und Wiesen. Mit der Zeit gewöhnen sich die Füße daran, bilden eine dickere Sohlenhaut und Sie werden dieses unmittelbare Bodengefühl mehr und mehr genießen. Sie werden unempfindlicher gegen spitze Gegenstände und gegen Kälte. Das geht schneller, als Sie glauben. Vielleicht können Sie sogar Partei für alte Bäume ergreifen, für Wald, Alleen, Auen. Ihre Meinung wirkt: Nehmen Sie Stellung, bringen Sie andere zum Denken und Mithandeln. Sie werden Unterstützer finden. Handeln Sie wenn möglich umweltschonend, bewusst, sparsam und nachhaltig. Vermeiden Sie Abfall, Verpackungen, reduzieren Sie ihren Stromverbrauch. Damit tragen Sie sehr dazu bei, unsere Umwelt und Natur zu schützen. Achten Sie auch darauf, was Sie essen. Der weltweite hohe Fleischkonsum bedroht die Wälder. Wenn Sie Fleisch essen, bemühen Sie sich um regionale Angebote aus naturnaher Haltung. Und essen Sie einfach weniger Fleisch.

Seien Sie Vorbild, zeigen Sie Ihren Kindern, Ihren Enkeln, Ihren Freunden die Schönheit der Natur. Wenn Sie in Respekt vor Pflanzen, Bäumen und Wäldern leben, strahlt das aus. Machen Sie Ausflüge in Ihre nähere Umgebung. Entdecken Sie die Schönheit der Landschaft, die Sie umgibt. Sie werden Ruhe und Entspannung in der Natur ganz in Ihrer Nähe finden. Pflanzen Sie Bäume in Ihrem Garten. Setzen Sie sich darüber hinaus regional für die Bepflanzung von Brachland ein. Organisieren Sie Aktionen mit dem Ziel, den Baumbestand zu vermehren. Suchen Sie Gleichgesinnte.

Nutzen Sie die Kraft pflanzlicher Heilmittel und Tees. Erkundigen Sie sich bei Ihrem Apotheker oder bei Kräuterkundigen und staunen Sie über das reiche Angebot an wirkungsvollen Hilfen aus der Natur. Fast alle sind ohne Nebenwirkungen. Gönnen Sie sich regelmäßig Wanderungen im Wald und im Gebirge. Versuchen Sie, den Wald mit allen Sinnen zu erleben. Atmen Sie den »Duft des Waldes«, ertasten Sie hin und wieder eine Rinde, einen Ast, betrachten Sie die Schönheit, die Sie umgibt, und lauschen Sie den Geräuschen des Waldes. Sie werden Ihren Fernseher, Ihren Laptop oder sogar Ihr Handy nicht vermissen. Unterhalten Sie sich mit Förstern, Waldarbeitern,

Jägern, Vogelkundlern, Bergsteigern, Wanderern … Sie werden überrascht sein, wie viele Menschen sich für Wald und Natur interessieren. Geben Sie Ihr Wissen mit Freude weiter. Auf diese Weise werden Sie viele Menschen für Bäume und Wälder begeistern.

Ihr
Conrad Amber

Informationen zum Buch

Angaben zu den Bäumen (Seite 18 bis 249)

Den Stammumfang habe ich etwa 130 cm über Grund gemessen. In Hanglagen nahm ich eine Mittelhöhe (etwa des Baumursprunges) an. Einbuchtungen oder Auswülstungen habe ich mitgemessen. Die Altersangaben übernahm ich in den meisten Fällen von seriösen Dendrochronologen (siehe Quellenverzeichnis) oder habe sie durch eigene Berechnungen und Einschätzungen bestimmt. Diese Angaben können natürlich vom tatsächlichen Alter abweichen. Eine exakte Bestimmung ist oftmals nicht möglich. Die Geo-Daten sollen zum besseren Auffinden des Baumes verhelfen. Für die nachträgliche Verortung war mir sehr hilfreich: http://gpso.de/maps/. Mir erscheint die Meereshöhe des Standortes sehr wichtig, denn gerade diese Information ist für die Lebensbedingungen des Baumes, vor allem für sein Wachstum und deshalb auch für die Alterseinschätzung maßgeblich. Ich beziehe mich meist auf die Baumgattung, wie die Linde. Eine genauere Klassifizierung in Winter-Linde, Sommer-Linde oder gar Hybridformen ist mir nicht ganz so wichtig. Hier mögen mir die Botaniker verzeihen.

Angaben zu den Wäldern (Seite 250 bis Seite 409)

Meine Einteilung erhebt keinen wissenschaftlichen Anspruch. Im Vordergrund steht eine gute eigene Einschätzung und einfache Zuordnung, vor allem aber auch das Anliegen, einen Zugang zur Thematik durch Sympathie, Staunen und Verstehen zu schaffen. Manchmal würde – so bin ich überzeugt – eine zu wissenschaftliche Beschreibung die keimende Freude an der Natur und ihren Stimmungen hemmen. Neugierde zu wecken und zum eigenen Tun anzuregen, sind mir das Wichtigste.

Bestellung von Bildern bzw. Daten aus diesem Buch (111)

In Hotels und Privathäusern sind inzwischen etliche meiner Naturfotografien auf Leinwänden zu sehen, was mich ganz besonders freut. Bei Interesse können Sie die mit Bildnummern bezeichneten Fotographien käuflich erwerben. Senden Sie Ihre Anfrage entweder an info@conradamber.at oder bestellen Sie direkt auf der Seite www.conradamber.at (Sie geben einfach die Bildnummer des Buches ein). Mit bewährten Partnern wie *KunstKontakt* und *formsache* (siehe Quellenverweise) habe ich bereits so manches Bildprojekt realisiert. Sie verwenden lösungsmittelfreie, lichtbeständige Pigmenttinten, drucken auf Naturleinwand und zum Schluss wird das Bildwerk sorgsam mit Naturharzfirnis geschützt. Solche Leinwandbilder haben eine sehr hohe Brillanz, Schärfe und Lebendigkeit und eine sehr lange Haltbarkeit. Die meisten der Abbildungen sind bis etwa 200 cm Bildlänge erhältlich, die doppelseitigen Motive bis etwa 500 cm. Falls Sie Bilddaten für andere Formen der Verwendung benötigen, ist dies ebenfalls möglich. So hat schon manches Naturmotiv den Weg auf eine Homepage, Verpackung oder in Bücher gefunden.

Liste der Bäume

Baumart	Alter (Jahre)	Stammumfang (in cm)	Land	Bundesland/Region	Ort	Seite
Berg-Ahorn	500–600	700	Österreich	Vorarlberg	Riezlern, Hörnlepass	20
	250	520	Österreich	Salzburg	Leogang	22
	400	750	Österreich	Vorarlberg	Mellau, Waldalpe	26
	250	520	Österreich	Vorarlberg	Egg	28
	400	700	Österreich	Vorarlberg	Hittisau, Lecknertal	29
	400	700	Österreich	Vorarlberg	Hittisau	30
	400	600	Österreich	Vorarlberg	Bizau, Schönebach	31
	250	550	Schweiz	Glarus	Richisau, Klöntal	32
	700	860	Schweiz	Uri	Urigen	33
	300	680	Deutschland	Bayern	Ramsau	34
	400	660	Deutschland	Allgäu	Steibis	40
	250	540	Deutschland	Allgäu	Steibis	42
	300	600	Schweiz	St. Gallen	Toggenburg	44
Rot-Buche	250	700	Deutschland	Baden-Württemberg	Suppingen	50
	200	470	Österreich	Vorarlberg	Schruns	51
	250–300	720	Schweiz	Graubünden	Maienfeld	52
	400	600	Österreich	Tirol	Finkenberg	54
	350	660	Italien	Comer See	Alpe Oritghera	56
	250	710	Deutschland	Allgäu	Harthausen	57
	350	680	Deutschland	Schwarzwald	Wieden	58
	210	300	Deutschland	Hessen	Oberhausen, Kellerwald	62
Edelkastanie	700–800	1300	Italien	Südtirol	Albions	68
	600–700	1200	Österreich	Niederösterreich	Buchbach	71
	400	870	Österreich	Steiermark	Wielfresen	74
	750	1260	Schweiz	Tessin	Chironico	76
	400	900	Schweiz	Tessin	Aurigeno	78
	300	750	Schweiz	Tessin	Cerentino	79
	500	1100	Schweiz	Tessin	Giova ob Buseno	80
	500	900	Italien	Südtirol	Scena	84
	450–500	1000	Schweiz	Tessin	Cresciano	85
	600	1200	Italien	Luganer See	Alpe Brusino	86
	500	950	Schweiz	Tessin	Alpe Monda	87
Eiche	650	960	Deutschland	Bayern	Eisolzried	90
	500	910	Deutschland	Bayern	Gollingkreuth	92
	700	920	Deutschland	Niedersachsen	Stapel	94
	700	970	Deutschland	Thüringen	Volkeroda	96
	700	1250	Deutschland	Nordrhein-Westfalen	Borlingshausen	98
	450	820	Deutschland	Mecklenburg-Vorpommern	Lüttenhagen	100
	400	900	Deutschland	Mecklenburg-Vorpommern	Teterow, Burg Schlitz	101
	600	950	Deutschland	Bayern	Nagel	102
	900	1150	Deutschland	Mecklenburg-Vorpommern	Ivenack	106
(Allee)	200–250	400–500	Deutschland	Hessen	Hofgeismar-Sababurg	108
	250–300	600	Schweiz	Graubünden	Maienfeld	110
	250	860	Schweiz	Bern	Schliern	112
	600	720	Schweiz	Chur	Felsberg	114
	600–700	880	Österreich	Steiermark	Bierbaum	118
Esche	300	700	Österreich	Vorarlberg	Egg	122
	300	720	Deutschland	Baden-Württemberg	Boll	123
	250	660	Deutschland	Baden-Württemberg	Stuttgart	124
	350–400	1070	Schweiz	Graubünden	Peist	126
	150	420	Schweiz	Appenzell	Appenzell	128
Fichte	500	800	Österreich	Kärnten	Arriach	132
	200	450	Österreich	Vorarlberg	Laterns	134
	280	500	Deutschland	Bayern	Bayrischzell	135

Baumart	Alter (Jahre)	Stammumfang (in cm)	Land	Bundesland/Region	Ort	Seite
Kiefer	250	400	Liechtenstein		Eschen	138
Lärche	1000	960	Italien	Südtirol	St. Gertraud, Ultental	142
	700	730	Österreich	Osttirol	Zedlach, Paradies	146
	350	570	Österreich	Kärnten	Pöllatal	147
	300	330	Österreich	Osttirol	Defreggental, Stallerpass	148
	800–900	1050	Schweiz	Wallis	Prarion, Balavaux	152
	700	900	Schweiz	Wallis	Prarion, Balavaux	154
	250–300	550	Schweiz	Graubünden	Pontresina	158
	400	550	Schweiz	Tessin	Lukmanierpass	159
Linde	550	1150	Deutschland	Rheinland-Pfalz	Rückeroth	162
	880	1200	Deutschland	Niedersachsen	Königslutter	164
	500–600	1150	Deutschland	Allgäu	Kempten	166
	600–700	1370	Deutschland	Brandenburg	Brielow	168
	800	1250	Deutschland	Hessen	Langendernbach	169
	500	970	Deutschland	Thüringen	Niederdorla	170
	500–880	1060	Deutschland	Baden-Württemberg	Bremelau	172
	430	980	Deutschland	Niedersachsen	Goslar	174
	800	1500	Deutschland	Mecklenburg-Vorpommern	Polchow	176
	500–700	1100	Deutschland	Baden-Württemberg	Wiesenbach	178
	600	950	Deutschland	Baden-Württemberg	Ehingen	179
	700	1230	Deutschland	Bayern	Ramsau	182
	800–900	1320	Deutschland	Bayern	Wessobrunn	184
	700	1950	Deutschland	Niedersachsen	Heede	186
	300	750	Deutschland	Baden-Württemberg	Laichingen	188
	300	740	Schweiz	Solothurn	Buchenberg	189
	450	870	Schweiz	Turgau	Diessenhofen	190
	700	1200	Schweiz	Aargau	Linn	192
	300	750	Schweiz	Zürich	Hirzel	194
	600	1100	Schweiz	Bern	Burgistein	195
	500	940	Schweiz	Bern	Seeberg	196
	400–500	830	Österreich	Kärnten	Mittertritzen	198
	400–500	900	Österreich	Steiermark	Admont	199
	600–700	1200	Österreich	Kärnten	Kreuth	200
	500–600	970	Österreich	Steiermark	Birkfeld, Gschaid	203
	400	800	Österreich	Steiermark	Birkfeld, Gschaid	204
	—	1000	Österreich	Steiermark	Birkfeld, Gschaid	205
	700–900	800	Österreich	Niederösterreich	Kirchberg	206
	900–1000	1200	Österreich	Steiermark	Neuhof	208
	700	900	Österreich	Steiermark	Kumberg	210
	300–350	720	Österreich	Kärnten	Grafenstein	212
	700–800	1070	Österreich	Salzburg	Faistenau	214
	300	620	Österreich	Kärnten	Millstatt	216
	250	650	Österreich	Tirol	Reutte	217
Pappel	150	680	Deutschland	Baden-Württemberg	Insel Reichenau	218
	200	1000	Deutschland	Bayern	Lindau	220
Ulme	600	1060	Deutschland	Brandenburg	Gülitz	222
Walnuss	200	400	Österreich	Vorarlberg	Schruns	224
Weide	200	1000	Schweiz	Turgau	Frauenfeld	228
	150	750	Schweiz	Zug	Maschwanden	230
	200	850	Deutschland	Baden-Württemberg	Aldingen	232
	150	500	Österreich	Vorarlberg	Nenzing	233
	150	1150	Österreich	Vorarlberg	Gaissau	234
Zirbe	500–700	430	Österreich	Tirol	Hochgurgl, Timmelsjoch	244
	400	420	Schweiz	Wallis	Riederalp	246
	250	300	Österreich	Vorarlberg	Schröcken	247

Register

A wie Adventivwurzel

Adventivwurzeln werden vom Baum (hier die 600-jährige Linde in Klaus, D) zur Stütze des Stammes und der Krone von oben entwickelt und in den Boden getrieben. Sie werden Teil des Stammes.

Z wie Zugholz

Zugholz wird von Laubbäumen (hier ein 300-jähriger Berg-Ahorn auf der Haldenalpe, Schönebach, A) an der Hangseite des Stammes aufgebaut, um diesen nach oben zu ziehen und zu halten.

Zum Weiterlesen

1 Rita & Gerold Kilzer, Georg Willi, **Atlas der Brutvögel Vorarlbergs**, Bucher-Verlag. Herausragende Biotop-und Waldbeschreibungen, direkter Zusammenhang zum Lebensraum der Vogelwelt, mit aussagekräftigen Statistiken.

2 Mark Bachofer, Joachim Mayer, **Der Kosmos Baumführer**, Kosmos-Verlag. Bestimmungsbuch auf Basis verwandter Baumgruppen.

3 Dominique Seytre, **Bäume und Wälder der Erde**, Delius Klasing. Ein Blick in die Welt mit Betrachtung von Mythologie, Menschen, Umwelt.

4 Bernd Steiner, Verena Eggmann, **Baumgenossen**, AT-Verlag. Wichtige uralte und besondere Bäume in der Schweiz. Steiner geht gerne auf Geschichten und Mythen der Bäume ein, verbindet Wissen und Legenden zu kurzweiligen Geschichten.

5 Michel Brunner, **Baumriesen der Schweiz**, Werd-Verlag. Brunner ist ein ausgezeichneter Baum-und Waldkenner und hat mit anderen Baumexperten für dieses Buch jahrelang recherchiert. Er vergleicht die Baumriesen der Schweiz mit anderen europäischen Rekordhaltern und bringt viel Wissen ein.

6 Verena Eggmann und Bernd Steiner, **Baumzeit – Magier, Mythen und Mirakel**, Werd-Verlag. Die jahrtausendalte Geschiche zwischen Baum, Wald und Mensch, die Abhängigkeiten, kulturellen Auswirkungen. Entstehung von Baumkulten, Mythen und Gottheiten. Ambitionierte Texte, manchmal symbolhaft überladen.

7 Michel Brunner, **Bedeutende Linden – 400 Baumriesen Deutschlands**, Haupt-Verlag. Ein weiteres empfehlenswertes Buch vom Baumexperten Brunner. Die Hälfte aller alten Linden Europas leben in Deutschland. Ihre Geschichte ist oft gut dokumentiert. Sie prägen Dörfer und Plätze und sind ein beliebter Treffpunkt und oft Reiseziel.

8 Pro Futura, **Das Bild vom Wald – Erfolgsmodell mit rauer Schale**, Wissen-Media-Verlag. Weltweite Betrachtung von Natur, Mensch und Tier, Veränderungen und Gefahren. Aufzeigen von Lösungen und Fehlentwicklungen. Beachtliche Fotoqualität, zahlreiche europäische Beispiele.

9 Detlev Arens, **Der deutsche Wald**, Fackelträger-Verlag. Übersichtliche Erklärung der unterschiedlichen Waldtypen vom Flachland bis zu den Alpen, detaillierte Vorstellung von Blumen, Unterwuchs und Waldkombinationen, Tierwelt, Geschichte. Sehr ausführlich und profund. Auch ein Blick auf Waldkultur und Perspektiven.

10 Michael Vescoli, **Der Keltische Baumkalender**. Keltischer Baumkreis und Baumkalender. Darüber hinaus auch sehr wichtige Informationen über die einzelnen Baumarten, Wissenswertes über Wachstum und die Bäume

11 Stefan & Uwe Kühn & Bernd Ullrich, **Deutschlands alte Bäume**, BLV. Jahrelang bereisten die Baumkenner des Deutschen Baumarchivs ganz Deutschland und spürten immer wieder neue Baumgreise auf. Geschichten der Bäume, großes dendrologisches Wissen, Deutschlandkarte und übersichtliche Listen.

12 Peter Laufmann und Olaf Schulz, **Deutschlands Wälder**, Frederking und Thaler. Ein Blick in die Geschichte und Entstehung der Wälder Europas, kritische Betrachtungen zu Wald und Forst, die Bedrohung durch Klimawandel und menschliche Eingriffe, ein Blick in den Wald von morgen.

13 Erwin Thoma, **Dich sah ich wachsen**, Christian-Brandstätter-Verlag. Traditionelles und bewährtes Fachwissen über Wald- und Baumstandort, Zeitpunkt der Fällung, Mondstand, Weiterverwendung. Unterschiede der Baum- und Holzarten.

14 Erwin Thoma, **Die geheime Sprache der Bäume und wie die Wissenschaft sie entschlüsselt**, Ecowin-Verlag. Bis dato noch nie dargestelltes Wissen über Baum, Holz, die Zusammenhänge von Mond, Reaktionen der Bäume auf Einflüsse von außen, Kommunikation untereinander, anschaulich erklärt. Thoma ist Förster und erfolgreicher Holzhausproduzent mit Auszeichnungen.

15 Martin Arnold, Roland Gerth, **Die Naturparke der Schweiz – Wander- und Erlebnisbuch**, AT-Verlag. Zum einzigen Naturpark sollen sich 19 Parks und Schutzgebiete dazugesellen. Betrachtung der Unterschiede, Wanderrouten, Alpen, Geschichte und Bevölkerung, Flora und Fauna. Sehr schöne Ansichten.

16 Fred Hageneder, **Die Weisheit der Bäume – Mythos, Geschichte, Heilkraft**, Kosmos-Verlag. Wertvolles altes Wissen um die Geschichten der Baumarten, vor allem Nutzung (Holz, Früchte, Blüten etc.) und Heilwirkungen.

17 Jeroen Pater, **Europas Alte Bäume – Ihre Geschichten, Ihre Geheimnisse**, Kosmos-Verlag. In ganz Europa war Pater unterwegs und hat – vor allem über die Geschichte der Baumgreise – viel recherchiert. Dabei werden auch bislang unbekannte Bäume aus dem Osten und Süden Europas vorgestellt.

18 Markus Mauthe, Thomas Henningsen, **Europas wilde Wälder**, Knesebeck-Verlag. Sehr schön gestaltetes Buch und herausragende Fotografie. In Zusammenarbeit mit Greenpeace entstanden. Zeigt die letzten »Urwälder« Europas, Tier- und Pflanzenwelt. Kritische Betrachtungen für menschliches Tun und Denken und Lösungsvorschläge.

19 Georg Sperber, Thomas Stephan, **Frankens Naturerbe – Buchenwälder im Steigerwald**, Verlag Fränkischer Tag. Die Geschichte und Bedeutung der letzten großen Buchenwälder im Norden Bayerns. Es gibt nur wenige Buchenaltwälder in Europa und weltweit. Ein Plädoyer für das Unesco-Weltnaturerbe.

20 Siegfried Weger, Reinhard Hölzl, **Geheimnisvolles Tirol – Mystisches, Magisches**, Löwenzahn-Verlag. Blick in die Geschichte und Traditionen eines Alpenlandes. Informationen zu Wald, Bäumen, Almen, Tierwelt. Wissen über Energieplätze, Steine, Wasser.

21 Doris Laudert, **Mythos Baum – Was Bäume uns Menschen bedeuten**, BLV. 30 heimische Baumarten werden vorgestellt und ihre Bedeutung für Mensch, Fauna, Wirtschaft beleuchtet. Viele wertvolle Nutzungstipps der Früchte, Blätter, Rinden und Holzqualität. Interessante geschichtliche Betrachtungen.

22 Stefan & Uwe Kühn, Bernd Ullrich, **Unsere 500 ältesten Bäume**, BLV. Auflistung der 500 stärksten Bäume Deutschlands in Kurzfassung, aufgeteilt nach Bundesländern mit Verortungen. Kühn und Ullrich betreiben das Deutsche Baumarchiv mit umfangreicher Sammlung aller alten Bäume Deutschlands.

23 Prof. Claus Mattheck, **Stupsi erklärt den Baum**, Karlsruher Insitut für Technologie. Biomechanik der Bäume mit einfachen Beispielen und in verständlicher, kindgerechter Sprache erklärt. Wie kann man von außen erkennen, ob ein Ast hält, ein Stamm morsch ist, wie wächst der Baum, wie kann er sich verankern? Hochkomplex, hochinteressant, dabei einfach erklärt.

24 Matthias Schickhofer, **Urwald in Österreich – Die letzten wilden Waldparadiese**, Christian-Brandstätter-Verlag. Naturreservate und Urwälder in Österreich, vom Au-und Moorwald bis zum Gebirgswald. Interessante Informationen und Zahlen. Sehenswert.

Interessante Seiten im Netz

1 www.vorarlberg.at/umwelt
2 www.proarbore.com
3 www.silvaforum.ch/de/
4 www.lebensministerium.at
5 www.baumpflegeteam.at
6 www.arbres.org/actualite
7 www.baumarchiv.ch
8 www.baumkunde.de
9 www.europarc-deutschland.de
10 www.bfw.ac.at
11 www.deutschesbaumarchiv.de
12 www.wertvoller-wald.de
13 www.monumentaltrees.com/de
14 www.naturparkdobratsch.info
15 www.wsl.ch
16 www.pronatura.ch
17 www.waldwissen.net
18 www.wildnisgebiet.at
19 www.zauber-alter-baeume.de
20 http://gpso.de/maps
21 www.inatura.at
22 www.bemerkenswerte-baeume.de
23 www.naturschutz.at
24 www.wwf.de/at
25 www.kellerwald.de
26 www.mein-reinhardswald.de
27 www.nationalpark-hainich.de
28 http://baumexperten.at
29 www.na-tour-denkmal.de
30 www.nabu.de

Meine Seiten und Kontakte:

www.conradamber.at Auswahl von rund 12 000 Naturfotos zum Herunterladen oder zum Bestellen von Leinwandbildern (auch Fotos aus diesem Buch).

www.facebook.com/pages/conrad-amber/228012080542473

www.facebook.com/pages/conrad-amber: Infos, Austausch, Fotos immer auf dem neusten Stand.

www.kunstkontakt.at Partner: Bildkonzepte, Beratung, Produktion von Bildwelten für Hotels, Thermen, öffentliche Gebäude.

www.formsache.co.at Drucker: Druck auf Leinwand in bester, lichtbeständiger Qualität. Sensible und kompetente Dienstleistungen.

www.farbenlaube.at Rahmer: Leinwände, Firnis, Einrahmungen. Produktion von Leinwandbildern und gerahmten Bildern in optimaler Qualität.

info@conradamber.at; office@conradamber.at: Kontaktformular. Schreiben Sie mir Ihre Anregungen, Kritik, Meinung. Ihre Anfragen und Bildbestellungen.

Für ihre unverzichtbare Hilfe und wichtigen Informationen bedanke ich mich besonders bei:
Michel Brunner (proarbore), **Josef Köhldorfer** und **Matthias Gorth** (inatura), **Thomas Rainer** (VLR-Umwelt), **Stefan Gieselbrecht** (baumpflegeteam)

An alle herzlichsten Dank!
Christoph Kurzemann (wortkraft), der meine langen Texte lesbar gemacht hat, **Jennifer Kräutler** (formsache), die für Layout und permanente Korrekturen zuständig war, und vor allem meiner Familie für ihre unendliche Geduld mit mir. Die wunderbaren Zitate in den Baum- und Waldtiteln stammen aus der Feder von **Marietta Mathis** – erst damit wurden sie zu einem umfassenden Erlebnis. Allen voran aber geht mein großer Dank an **Dr. Stefan Raps** vom Verlag. Ohne ihn würde es dieses Buch in dieser Form nicht geben. Danke, dass Du an mich und an die Bäume geglaubt hast und auch für die vielen Stunden Deiner Arbeit des Korrigierens und Verbesserns.

Bildnachweis
Alle 646 Farbfotos wurden von Conrad Amber für dieses Buch aufgenommen.

Impressum

Umschlaggestaltung von Conrad Amber unter Verwendung eines Farbfotos von Conrad Amber. Das Foto zeigt den aus Eichen und Buchen bestehenden Hute-Urwald bei der Sababurg (vgl. S. 334–339).

Unser gesamtes Programm finden Sie unter **kosmos.de**.
Über Neuigkeiten informieren Sie regelmäßig unsere Newsletter, einfach anmelden unter **kosmos.de/newsletter**

FSC www.fsc.org MIX Papier aus verantwortungsvollen Quellen FSC® C004592

Gedruckt auf chlorfrei gebleichtem Papier

ISBN 978-3-440-14594-4
Projektleitung: Dr. Stefan Raps
Redaktion: Dr. Stefan Raps
Gestaltungskonzept: Conrad Amber
Gestaltung und Satz: Conrad Amber; populärgrafik
Produktion: Markus Schärtlein
Printed in Germany / Imprimé en Allemagne

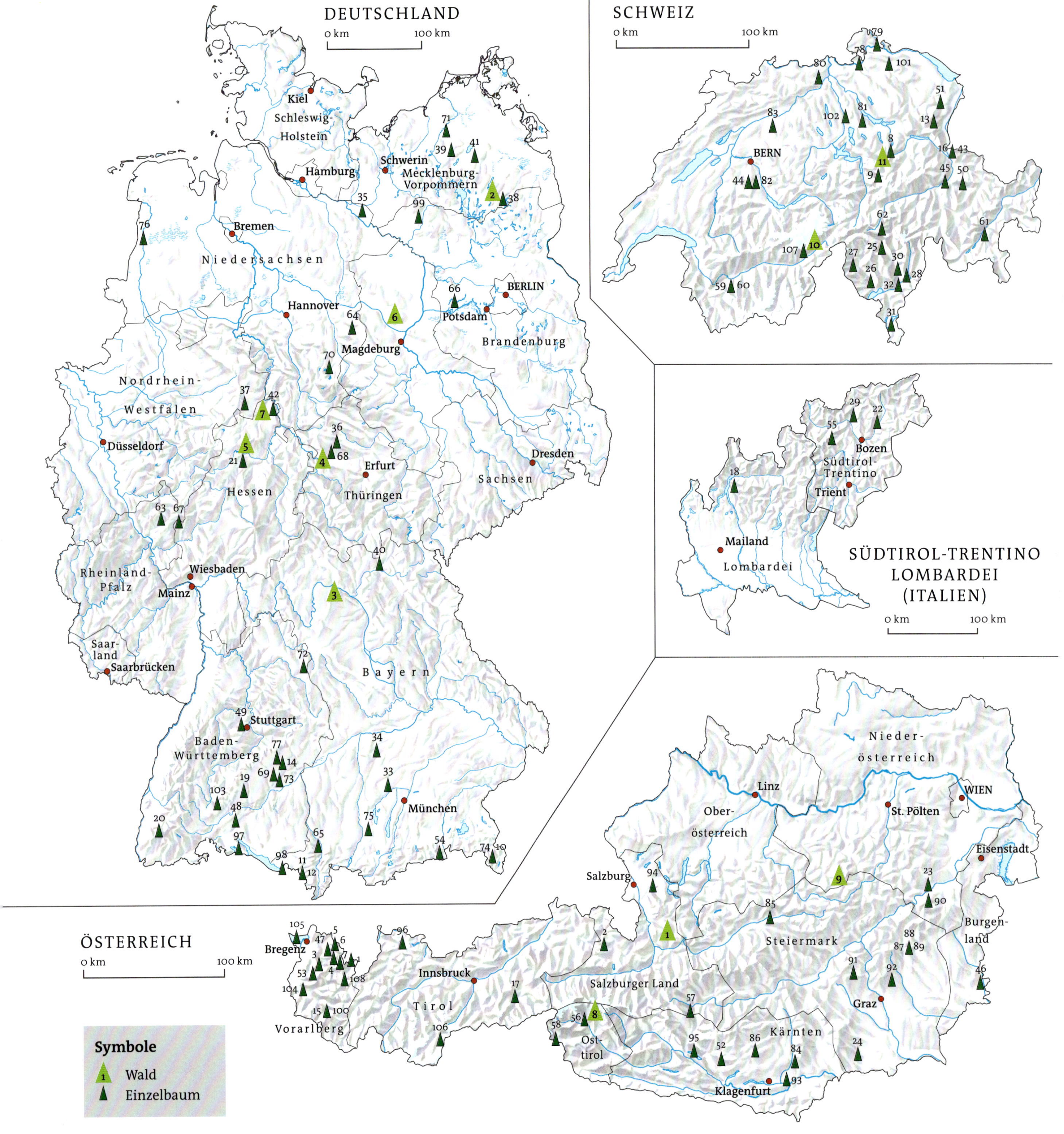
DEUTSCHLAND
0 km
100 km
Kiel
Schleswig-Holstein
Hamburg
Schwerin
Mecklenburg-Vorpommern
Bremen
Niedersachsen
Hannover
BERLIN
Potsdam
Magdeburg
Brandenburg
Nordrhein-Westfalen
Düsseldorf
Hessen
Erfurt
Thüringen
Dresden
Sachsen
Wiesbaden
Mainz
Rheinland-Pfalz
Saarland
Saarbrücken
Bayern
Stuttgart
Baden-Württemberg
München
SCHWEIZ
0 km
100 km
BERN
SÜDTIROL-TRENTINO
LOMBARDEI
(ITALIEN)
0 km
100 km
Bozen
Südtirol-Trentino
Trient
Mailand
Lombardei
ÖSTERREICH
0 km
100 km
Nieder-österreich
Linz
Ober-österreich
WIEN
St. Pölten
Eisenstadt
Salzburg
Burgenland
Steiermark
Bregenz
Innsbruck
Salzburger Land
Tirol
Vorarlberg
Graz
Ost-tirol
Kärnten
Klagenfurt
Symbole
Wald
Einzelbaum

Bäume

Wälder